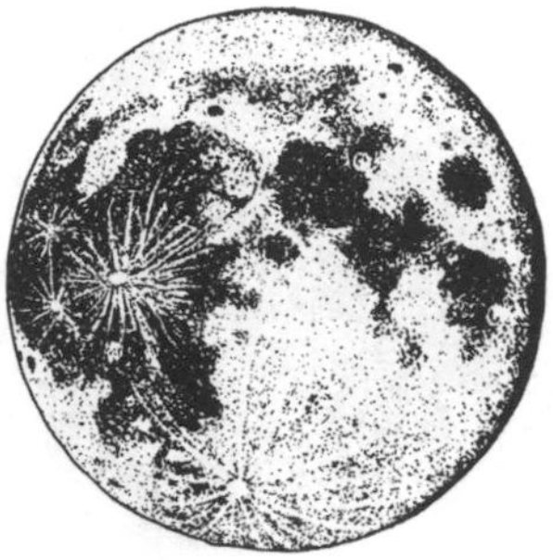

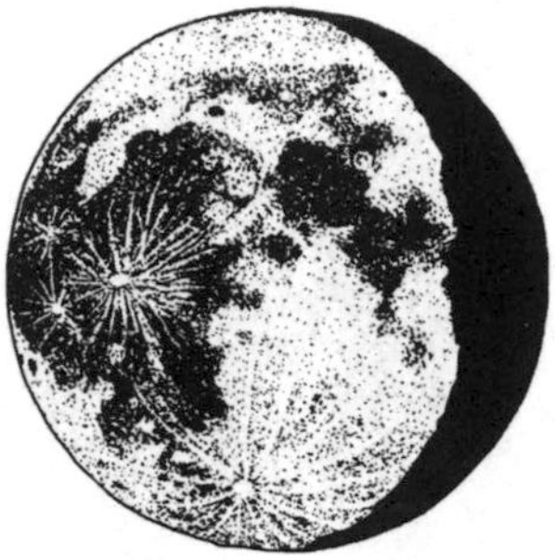

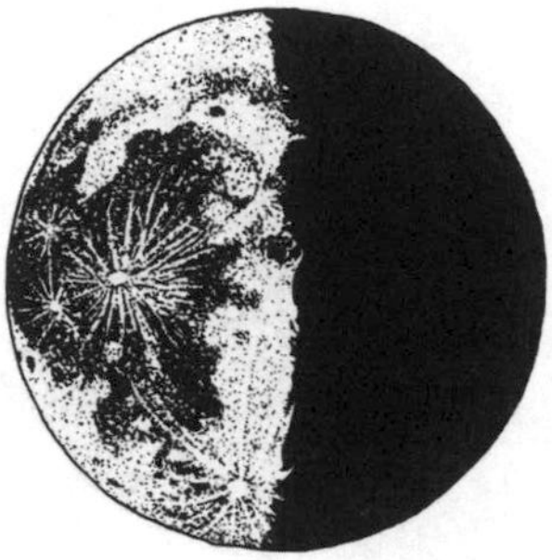

鳳凰城之光
UFO的化身

雅耶奧星的艾叔華傳訊紀錄

肖恩．斯旺森 Shaun Swanson、傑佛森．維斯卡迪 Jefferson Viscardi——著
星光餘輝——譯

AVATARS OF THE PHOENIX LIGHTS UFO
ISHUWA AND THE YAHYEL

致謝

我們對艾叔華（Ishuwa）與雅耶奧文明（the Yahyel）表達十二萬分的感激，感謝他們在這本啟發人心的迷人共同創作之中，所給予的分享和支持！這是我們「銀河家族系列」（Galactic Family Series）的第一本著作。

一波波溫暖的愛與讚賞，將傳遞給世界各地的每個人，傳遍「你的宇宙」（Youniverse）！

此外，肖恩・斯旺森（Shaun Swanson）送出溫暖的擁抱，感恩一大群朋友，以及亞歷克斯・克羅斯（Alex Cross）、克蕾兒・派特森（Clare Patterson）、丹尼爾・布朗克（Daniel Bronk）、大衛・巴塞洛繆（David Bartholomew）、大衛・湯瑪斯（David Thomas）、德倫瓦洛（Drunvalo）、弗蘭克・維亞索（Frank Viauso）、佛蘿倫絲・李格斯（Florence Riggs）、吉爾伽美什（Gilgamesh）、格倫・托比亞斯（Glen Tobias）、艾奧妮・林克（Ione Linker）、袁金（Kam Yuen）、肯恩・克林貝爾（Ken Klingbeil）、凱文・萊爾森（Kevin Ryerson）、克莉絲塔・柯克伍德（Krista Kirkwood）、李・卡洛爾（Lee Carroll）、莉亞・霍華德（Liah Howard）、琳妲・特薩（Linda Tesar）、瑪格麗特・羅傑斯（Margaret Rogers）、菲爾・安格麥爾（Phil Angemaier）、莎倫・漫威（Sharon Marvel）、肖恩・蘭德爾（Shawn Randall）、雪芮丹・何利（Sheridan Hailley）、索妮亞・費爾班克斯（Sonya Fairbanks）、尤里・蓋勒（Uri Geller）、懷奧莉・辛德勒（Violet Schindler）、吉恩・斯旺森（Gene Swanson）與芭芭拉・斯旺森（Barbara Swanson）。

傑佛森・維斯卡迪（Jefferson Viscardi）要特別感激年輕的大師耶穌（Jesus）與焦爾達諾・布魯諾（Giordano Bruno，譯註：一五四八至一六〇〇年，文藝復興時期的義大利哲學家、數學家、詩人、宇宙學家和宗教人物），感謝祂們鼓舞人心且最具啟發性的生命教導，以及示範無條件的愛和毅力。

本書源起

艾叔華是外星人（Extra-Terrestrial human being），而傑佛森・維斯卡迪是地球人（Terrestrial human being），本書中的大量信息是他們進行外星人與地球人（ET&T）對話的結果。

本書所記載的對話發生在二〇〇九年七月十四日至二〇〇九年十一月五日之間。每次對話期間，傑佛森・維斯卡迪都在加州的舊金山，而傳達艾叔華信息的通靈人肖恩・斯旺森則在夏威夷的茂伊島（Maui）。

儘管本書為了解說語言上的差異而稍事編輯，但大部分資料都是從錄音紀錄逐字轉載而來的。

本書是我們「銀河家族系列」的第一本。第二本著作是《貓科人類：永恆的愛與光的交換》（*Feline Humans: A Timeless Exchange of Love and Light*，中文名暫譯）。

關於艾叔華與雅耶奧文明，如需更多信息，請造訪網站 ishuwa.com 與 yahyel.com。

目次

地球人與人形外星人的基因連結

- ✶雅耶奧人在太空中的度假勝地。
- ✶雅耶奧人的母行星和主衛星。
- ✶地球人和雅耶奧人的基因連結。
- ✶雅耶奧人心連心與地球人接觸。
- ✶雅耶奧人為什麼在這裡陪伴地球人。
- ✶雅耶奧人活在地球人未來的「現在」。
- ✶雅耶奧人從與地球人的互動中，所領悟到的喜樂。
- ✶地球人將搬離「鬼屋」，搬進「太陽之屋」。
- ✶地球人的生物學和信念的雙筒望遠鏡。
- ✶宇宙基本上是中立的，因此沒有好或壞。
- ✶你做出的每一個選擇背後藏著什麼動機。
- ✶歡樂和痛苦只因為你定義它們的方式而存在。
- ✶歡樂和痛苦讓你知道你真正是誰。
- ✶在雅耶奧人的世界裡，「過錯」和「指責」的想法是不存在的。
- ✶雅耶奧人對自己創造和體驗到的一切負責。
- ✶雅耶奧人與地球人實質接觸的物理學。
- ✶提升你、使你脫離黑暗的機制。
- ✶所有外星人都心存善意嗎？
- ✶雅耶奧人的星球是銀河成長和分享的度假勝地。
- ✶不再需要隱藏你的真實喜樂和真正本質。
- ✶造物主在你身外的想法很高超，但卻是虛幻的。
- ✶隨著心的指引，單純地、喜悅地經歷挑戰。

Chapter 05

拆除巴巴咿呀高塔

105

- ✷雅耶奧人的毛髮跟地球人一樣嗎？還是比較像貓咪？
- ✷雅耶奧人皮膚的各種顏色。
- ✷雅耶奧人眼睛的彩虹光輝色彩。
- ✷雅耶奧人的眼睛會與調頻進入的世界的頻率共振。
- ✷罩住雅耶奧人整個眼睛的太陽眼鏡。
- ✷艾叔華的微睡眠。
- ✷雅耶奧人為什麼睡覺。
- ✷雅耶奧人頭部的形狀。
- ✷雅耶奧人沒有跟地球人一樣的牙齒，以及雅耶奧人食用的食物類型。
- ✷雅耶奧人靠「如是本然」的能量維生。
- ✷雅耶奧人攝取食物是為了與大自然互動。
- ✷雅耶奧人從 A 點旅行到 Z 點的速度，比眨眼還快。
- ✷艾叔華翻譯兩千多種語言。
- ✷拆除「巴巴咿呀高塔」的統一語言。
- ✷「Yah oohm =保持喜樂」。雅耶奧文明的雅伯瓦語言。
- ✷「跟對方同在」就是雅耶奧人的交換禮物。

Chapter 06

首次公開接觸地球的外星人 137

Chapter 07

地球，二〇一二年，外星人隔離結束 171

Chapter 08

使地球人敞開來與外星人和平接觸的關鍵 199

✶「放出什麼就得回什麼」是創造的第三定律。
✶心念、感覺、行動和信念的創造工具。
✶「你的宇宙」正在聆聽和回應你每一次送出的信號。
✶領悟到你是「你的實相的強大創造者」。
✶動機＝選擇最愉悅且最少痛苦的。
✶「成為受害者」只是體驗那個幻相的一種選擇。
✶為傑佛森而在的北極流星。
✶NASA太空人在太空中見到的活生物。
✶傑佛森的前世記憶和中國城催化劑。
✶以心為中心的外星人，以及中國龍的象徵。
✶想像力是地球人敞開來與外星人和平接觸的關鍵。
✶地球人運用想像和「假裝」，創造物質實相。
✶由紫色和藍色組成的三角形航空器。
✶「鳳凰城之光」幽浮、太空船，以及種種關係。
✶艾叔華詳述今天傳訊地點所在的行星。

Chapter 09

小我、心，與善於創造的大師 231

✶星際行星能量的軌道繞行模式。
✶「感覺」與「頭腦中的概念」之間的差異。
✶「小我心智」與屬於你的「創造者自我」的「心的心智」。
✶小我對權力和操控的錯覺。
✶該讓小我的「戲服」掉落到地板上了。
✶小我對必死性、痛苦、煉獄的虛假恐懼。
✶小我如何才能坐下來、放手、享受生命的美好旅程。
✶在你的關係裡，你是善於創造的大師。
✶雅耶奧人與羅爾金星人的第一次接觸。
✶雅耶奧人收到的禮物，具有提升終生的關係。
✶雅耶奧的星際和外星物品博物館。
✶雅耶奧人用雙手和心念轉化食物。
✶雅耶奧文明與羅爾金文明的交換禮物。
✶當學生準備就緒時，這本書就會出現。
✶雅耶奧世界的魔法學校。
✶雅耶奧人的房屋與其所在地的地面同頻同調。
✶艾叔華在成長時期與原生家庭同住的房子。
✶雅耶奧的道路、能量通道、非物質的航空器。

✷北加州的報紙和電視上，眾人矚目的外星人議題。
✷梅林與魔法世界。
✷「存在」不是平凡的；它是非凡、驚人、神奇的！
✷你想舉耶穌到哪裡去？
✷地球的每個人都可以在水上漫步，但是你們集體選擇不那麼做。
✷地球人活在由腦袋的強大投影機所投射出去的電影之中。
✷重視你的想像力，將你想像出來的東西最大地顯化出來。
✷心智勝過物質，想像力勝過心智。
✷地球人如何隱藏了「有無限種生命選擇的自助餐」。
✷金錢，以及人們為什麼會有大量的匱乏。

✷地球社會一直被教導著，要害怕那個可以揭露你們真實的造物主身分的宇宙性教導。
✷當你們食用生命之樹上的知識之果時，就會體驗到在伊甸園的天堂本質。
✷創造時間和空間的方法有無數種。
✷覺知到你那無所不知的自我。
✷跟隨你的心，讓自己活出心中最有意義的人生目的。
✷雅耶奧社會與地球社會之間的兩大差異。
✷地球人為什麼創造了「你的造物主在你之外」的幻相。
✷你們的真實存在狀態就是真正的伊甸園。
✷找出「一切萬有」的創造者。
✷無限量供應迷人而喜樂的生命體驗。
✷你的實際本質具有無限的價值。
✷造訪中國城以及蘊藏在龍之內的美麗概念。

前言

傑佛森 本書一開始，你想要說些什麼當作開場白呢？當作引言，是那個意思嗎？

艾叔華 是的，可以這麼說。

傑佛森 很好。在你們的世界裡，已經有一個非常龐大、非常強而有力、非常具有磁性和電力的意識，正在提升你們的世界，提升你們的集體意識，提升個人可以取用的東西，目的是要讓個人調頻進入且變得比較能覺知到自己更真實的本質，也變得與喜樂更加和諧同調，而這些喜樂與他們日後將會發現的最大愉悅，是最能連成一氣的，也將使他們免於人生有任何的欠缺之感！當人們調頻進入這個威力強大的意識時，他們一定會感覺到，彷彿他們聯繫到、接觸到在完美的道路上活出自己的人生，發揮最大且最能實現個人抱負的潛力。

艾叔華 當人們選擇閱讀這類信息，包括本書內含的信息，以及其他人已經寫成且未來將會繼續撰寫的相關著作的信息，這類信息就會以最不著痕跡或是非常顯而易見的方式，成為讀者的催化劑。對於正在逐字、逐頁、逐章閱讀這份資料的人們來說，它會變成美妙的催化劑。

因此，我們很高興有這個機會提出信息、提出建議，帶來將會包含在本書格式裡的能量！當一個人穿越字裡行間，閱讀著那些字句時，他們可能沒有體認到正在發生什麼事，但是他們因為擁有這類信息，因為讀了這類信息，一定會有所成長。那些信息將會契合他們內心深處感受到的頻率、他們基因結構內的密碼。這就好像是敲一敲門，邀請他們只靠閱讀，只靠逐頁、逐章地瀏覽本書裡的信息，就能找到自己的新家，而那是非常有趣、極其好玩且豐盛滋養的世界。而這些信息來自許多源頭，不僅來自艾叔華，也來自在某段時間曾經與人類分享，且渴望與人類分享的許多存有（beings）。

一個人成長和擴展，以及變得與「心」更加和諧同調的過程，可以更流暢、更輕易地茁壯，並伴隨較少的努力、更多的喜悅，而且每位讀者將會在種種方法中找到自己的獨一無二、自己的喜樂、自己的愉快。他們將會帶著一種愉快感，期待生命中的每個片刻，因為在此包含的信息，來自許多界域和許多有意識的存有，他們全都帶著由衷的莫大喜樂和意圖，想要提升並擴展人類的意識、人類的合作，以及在這顆星球上體驗到更多整體合作與和平的能力！

感謝你花時間閱讀前言！我們期待你加入後續的頁面、後續的章節。如果你選擇閱讀本書，那麼在閱讀本書的許多情況下，有時候會發現使你愉快的震顫刺痛感會出現在你的能量體（energetic body）之內，而那些時刻表示，催化劑正在喚醒你領悟到，有更浩瀚的狀態在你的乙太存在（etheric being）、你的精微體（subtle body）、你的天使體（angelic body）、你的生理身體之中，也在你生物機體內的基因結構、你的密碼子（codon，譯註：遺傳密碼的單位）、你的DNA（脫氧核糖核酸）裡面！我們感謝你讀到前言的這個地方。要知道，即使你在閱讀本書時沒有在某個時間點感到任何的震顫刺痛，你還是會因為逐頁、逐章讀完本書而有所成長，而且有精彩的故事可以與他人分享，那是因這次冒險閱讀此腳本所獲得的體驗，而這個腳本的撰寫，是為了讓你的眼睛可以在視覺上參與、包含、好好玩味一個個音符、一個個字、逐字逐詞。我們帶著莫大的喜樂，與你一起參與這趟文學領域的探險之旅！

傑佛森

太美妙了！我感謝你今天與我們分享，感謝你願意在日後提出更多的概念和機會，讓人們可以接觸到新的知識，能夠從來自我們的邊界之外、星球之外提供的不同視角，看見生命且理解生命如何運作，那是來自外面且可以如此深度豐富我們的視野。所以非常感謝你！

艾叔華

親愛的，也感謝你們！很高興我們必須跟你們一起參與這趟探險、這次合作、這件創作！我們以及許多其他人都大為讚賞你們的努力，也非常高興你們在這個時機選擇以這樣的方式向前邁進！

Chapter 01

邀約艾叔華分享銀河家族知識

這本書可以在你們的智能和內心裡打開更多扇門戶，使你們可以更即時地取得信息。

——艾叔華

艾叔華 太棒了！我們總是很高興知道有像你們這樣的人，有渴望、有興趣，也花時間和精力與如此貼近其生命歷程且在其中得到護持的某人，一起體驗這種形式的溝通交流。能夠以我們辦得到的方式互動和分享以及體驗生命，始終是美妙而富饒的。感謝你們願意且有這個勇氣踏出來，進入那樣的空間並探索！

傑佛森 的確是這樣！

✷✷✷

艾叔華 那麼現在，你心中有什麼想要詢問或與我們分享的？

傑佛森 好的！你是艾叔華……還是吉爾伽美什（Gilgamesh）？艾叔華，對吧？

艾叔華 對，艾叔華！

傑佛森 艾叔華，本週我有一個想法，我跟肖恩分享過了。這個想法是要與你和肖恩合作，透過這個通靈聚會，我們可以為地球上的人們寫一本書，講述你們星球上的人所體驗到的生命和實相的本質。你對這件事有何看法呢？

艾叔華 我們非常樂於有機會與你和通靈管道肖恩，以這樣的方式分享我們的視角和經驗。

✶✶✶

傑佛森｜好的。所以這是你辦得到的事。太好了！這是如何為你運作呢？你來到這裡是多麼的困難啊，因為你現在有個物質身體，對吧？

艾叔華｜我有一個屬於某個頻率的物質身體，它可以提供我更大的靈活度，在某種意義上，勝過你們目前習慣於以你們的生物形相體驗的物質身體。我們星球上的人，都有一個輕盈且經常一起共度時光的身體。它的物質性略微少於你們在你們的形相內體驗到的。

✶✶✶

傑佛森｜好的。所以你現在在我們星球上方的太空船上，是嗎？

艾叔華｜有一個我們具體化現而且與他人共同分享的意識領域，可以被比喻為一艘航空器。它不具有金屬質感，但是的確提供許多方式，讓我們與其他人一起在一個非常封閉的空間位置裡互動和交流。它的用途就像你們熟悉的太空船或航空器。

傑佛森｜當你的意識進入這艘航空器時，你的物質身體留在你們的星球上嗎？

艾叔華｜就那一點而言，我這次不是在我們的星球上。

傑佛森｜噢，好的。所以你不是在雅耶奧（Yahyel）上。雅耶奧是那顆星球的名字嗎？

艾叔華｜那是我們稱呼自己的名字：雅耶奧。雅耶奧星球現在在非常遙遠的地方，關於雅耶奧，我們將會在你們時間的另外一天，開開心心地與你們分享。這一定會為我們帶來喜樂！

✶✶✶

傑佛森

好的！我和肖恩要安排一下，才能夠持續與你通靈傳訊，將通靈得到的信息放進一本書裡。然後我們會把書傳遞給這裡的人們，讓大家能夠理解在我們的地球之外還有生命，理解到：像你們一樣生活在地球之外，而且聰明、有愛心的人類，不但存在，而且願意幫助我們成長，變得比較完整、比較與「一切萬有」（All That Is）合而為一。

艾叔華

然後以那樣的方式，我們一定會幫忙，方式是透過提供概念、視角和其他觀點，包括在我們的成長和體驗過程中，最具支持作用的觀點，還有我們與其他形相、其他你們所謂的外星種族，以及其他你們不熟悉的生命形式互動而得知的觀點。因此，讓你們星球上的其他人有機會閱讀並從中取得對他們有用的信息，正是我們可以提供幫助的一種方式。是啊！

我們期望在這裡、在你們的星球上，有人有興趣以某種開放的方式分享這樣的信息。意思是，不限制，不隱藏，而且是人們讀得懂、做得來的東西，人們只需要選擇接受與否。

傑佛森

好的。

艾叔華
他們不必相信。他們不必照單全收。他們不必圍繞著它創建宗教。是啊，而且我不介意，只要是對本書的信息有所共鳴的人，都可以從中學習且好好享受。

傑佛森
如果處境反過來，如果是你問我：「傑佛森，請介紹一下你們星球上的生命，因為我們要寫一本這樣的書，而且把書散布到我們的星球上。」那麼我其實無法以地球代表的身分說話，因為我只是一個人類，而且就那一點而言，我們不是那麼的統一。這是如何為你運作的呢？在這本我們三個人正在討論匯總的著作裡，我要請你介紹一下你們星球上的生命。所以你可以代表你們的星球發言嗎？還是只代表你自己發言呢？

艾叔華
就這一點而言，我肯定會帶來具個人特質的視角，不過我們是腦和心比較團結在一起的群體，在那方面比較完整，能夠比較容易地透過一個聲音分享我們世界的許多經驗，勝過你們在你們的世界裡體驗到的。所以，我所要分享的多半是在我們的星球上有過的總體經驗，因此就這一點而言，它的本質、它的描述、那樣的分享，都不會是受限的。不過，它不會包含我們的世界上目前存在且已經發生過的所有想法和一切經驗，因為實在有許多的想法和經驗，那勢必需要一本書以上的信息，你們才能夠全部吸收。

我要與你們一起帶進這本書裡的想法，勢必是比較聚焦在你們和你們的社會該如何開始擴展你們的世界，此外，要保持的立場是，多吸收我們的世界，多了解我們的世界，然後不需要讀那麼多書就可以取得那個洞見、那個感覺、那個經驗、那個理解、那個知識、那個智慧。就那方面而言，你們可以取用更多已經在你們之內的擴充型理解資料庫。

這本書可以在你們的智能和內心裡打開更多扇門戶，使你們可以更即時地取得信息。那就好像是，透過閱讀我們分享的信息，你們內在的「電腦知識資料庫」瞬間倍增！這並不是說，閱讀這本書的每個人都會產生那樣的效用，而是對許多人來說，那就像是催化劑，或是可以擴充他們的理解和領悟「收藏庫」（library）的一次下載。

✱✱✱

傑佛森——是，好的！肖恩和我之前曾經在作夢或靈性層次上，跟你會面討論過這本書嗎？

艾叔華 是的，曾經有過幾次這方面的聚會。

✱✱✱

傑佛森——你是做什麼工作的呢？譬如說，我是玄學方面的老師兼諮商師。你是做什麼工作的呢？

艾叔華 我是探險家、發現者，而且我經常從事翻譯工作，好讓某種生命可以與另一種生命溝通。舉個例子，如果有一個人說瑞典語，另一個人說義大利語，他們兩人都不會說某種類似的語言，那麼我就可以跟那兩個人一起坐下來，像翻譯師一樣幫助他們，讓他們能夠彼此交流。這是我與其他生命形式相處的方式。就那方面而言，我是翻譯員。

而且，我說過，我是探險家。生命的其他領域令我著迷。我記錄自己學到的東西，然後與「收藏庫」分享。可以說，我提供信息給最有本領做筆記、將信息整理成文件的人們。我下載信息，而他們接收。他們有許多方式能將信息擴大到我們社會和其他社會裡的其他人，於是其他人也可以存取這些信息。這是簡單描述我現在的功能。我是探險家、發現者、翻譯員！

✶✶✶

傑佛森 好的。我對這個案子感到非常興奮，也很興奮可以在這方面遇見你！我感謝你可以撥冗參與這件事！

艾叔華 我們感謝你們！而且我們期待更多這樣的交流，以及我們可以共同擁有的成長。我們也期待開發幾種信息格式，讓你們所在的社會可以享受閱讀或觀賞或收聽，或是上述一切，並且因此成長，藉此豐富充實！你們選擇了一項美妙的嘗試。你們對此感到興奮，我們也非常興奮雀躍！

傑佛森 是啊！

艾叔華

我們會與你們及我們全體分享這份興奮之情，因為我們有許多人在這裡，我們期待這些通靈傳訊會。所以祝你們日日美好。在我們再次有這樣的機會以這樣的方式溝通、交融之前，親愛的，祝你們好運！滿滿的愛喔！

傑佛森

謝謝你。滿滿的愛喔！再見！

Chapter 02
地球人與人形外星人的基因連結

天空不是你們的極限。

——艾叔華

艾叔華——好吧！我說，在你創造對時間存在的體驗之際，你們時間的今天下午，你好嗎？

傑佛森——好極了！很開心再次跟你談話！

艾叔華——我也很開心跟你談話！

傑佛森——你最近好嗎？

艾叔華——我一直在完美的世界裡，體驗著莫大的喜樂和莫大的驚奇！令人高興的是，你們選擇了組合一種格式，來記錄我們所在的這個新的第三實相（third reality）裡創造的互動，好讓其他人可以閱讀和體驗，有機會學習並活出這類信息。這類信息是以你們的社會有能力吸收、攝取、消化、理解的形式呈現，讓人透過閱讀，或許藉由在錄音帶上聆聽，或是透過觀賞，或是誰知道，天空不是你們的極限啊！

✱✱✱

傑佛森——好開心啊！艾叔華，在這趟探險的一開始，我想要進一步了解你是誰以及從哪裡來？

艾叔華——我們將在這次多分享一些我們從哪裡來的信息。在接下來的頁面，如果你再次提起這個問題，我們就會進一步分享，因為我們感應到那麼做會更有裨益。當這些互動透過我們雙方的分享和共同成長而有所進展，我們將會揭露更多關於我們的社會的信息。這麼一來，當我們感應到時間恰當，就會分享更多關於我們是誰、我們從哪裡來的信息，以及我們多麼享受與你們、與人類、與地球上的人類，在你們成長和加速的這個時候，一起成為這個世界的一部分。

我們在成長和加速領域裡有一些經驗，而它們可以被落實，可以發生在種種有意識的物質表達和非物質表達中。

所以，回到「我們是誰」的概念。我們是一個與地球上的人類非常相似的社會。生理上，我們雙方有一些差異，你們會注意到，也會體認到。當你們看見我們時，會知道我們不見得是來自你們的星球，但是我們雙方在形相和外觀上都非常相似，相似到我們會「看起來很順眼」。有我們在場時，你們很容易做出調整、感覺舒坦，這是指在生理上，就我們的身體、形狀、尺寸、大小、顏色、發出的能量振動而言。因此，就那方面來說，我們雙方有一些相似之處，但也有足夠的差異，所以你們會知道我們不是屬於你們的地球。

在我們的社會裡，有幾十萬名雅耶奧人。雅耶奧人是我們對自己的稱呼。我們生活在一艘非結構化的太空船上。所謂的非結構化，是相對於你們世界上的太空船和航空器的類型來說。我們的航空器大部分是呈現比較乙太、非物質的形式。它可以輕而易舉地改變形狀和形式，而且時常根據船上現有的所有人員的最大利益而做出改變。有其他社會、其他外星種族，在時間裡的任何特定時刻，在我們的航空器上分享和共存，目的是更進一步地彼此分享、相互學習。就那一點而言，我們的航空器可能很像你們在你們世界上所熟悉的度假勝地。

我們的航空器就像是太空中的度假勝地。某種意義上，有些部門操作著你們可能會認為是行政職責的工作，維護著許多可能被你們認為是航空器的機械功能組件之類的東西，但那不太像你們世界上的航空器引擎。我們的航空器不是那麼的物質，也不是那麼的金屬，不是屬於那麼沉重的振動。這允許我們以極快的速度移動、變動及改變航空器的形狀，就像你們感知到的時間和空間一樣。所以這就是關於那艘太空船的少許信息。

我們確實有一顆行星，還有另一顆衛星。那顆衛星是我們的太陽系中另一個像行星的世界，我們也居住在那裡，與行星共存。我們沒有許多人住在那顆衛星，但是它非常像行星。我們有比較多人住在母行星上，那是一個非常美妙的地方，而且母行星非常快樂地與我們一起生活著，母行星與人類之間是非常合作的關係。我們也是一種人類，所以我們也會說自己是人類。

我們一直在這裡觀察，也與你們的世界和人們互動一段時間了，而且在某種意義上，我們的世界裡有一些你們的後代。這裡就有一些人具有來自地球人類的基因血統，這使得我們在基因上是非常有連結的。我們的人類與你們的地球人類之間，有著非常緊密的基因連結，那是我們擁有的最深厚的連結之一。在我們的基因結構中，地球和雅耶奧在某些方面的基因組件，是非常相似的。但有許多其他的基因組件和密碼是非常不一樣的，那使我們能夠擁有與你們截然不同的體驗。它使我們能夠存在不同的太陽系之中，使我們能夠旅行且以不同的方式體驗。因此，我們有豐富的經驗可以分享，而且當本書以這種通靈合作的形式成長和發展，我們就有機會在其中分享許多經驗。

我們知道，在不久的將來，我們將會與實體形相的地球人類接觸及互動。面對面接觸，眼對眼接觸，就那方面而言，我們可以實際上有物質身體的接觸。這不會馬上發生，但是時機很快就會到了。或許是在用你們的幾個光年除以地球繞行太陽公轉軌道的分數率（fractional interest）的這段時間之內。那則公式不會在此時解開，因為我們給你們的信息不夠多。但是很快的，那則公式是有道理的，而且我們將會在恰當的時機根據那則公式、那個概念擴展，因為那與我們和地球人類的實際接觸有關，屆時，那對所有人來說將是莫大的慶祝，對地球人類和我們世界裡的人類而言，也是巨大的提升。我們期待著與你們相會，在那之前，我們保持喜悅地臨在這個既是經驗交流，也是一起玩樂的時刻！

＊＊＊

傑佛森　原來如此。艾叔華，是什麼將你和雅耶奧的族人，帶到我們的土地上呢？

艾叔華　這是我們的社會共同選擇去做的事。有許多原因。簡言之，我們發現這是一次令人興奮的、近似歸鄉的舉動，一次非常開心的家庭聚會，一次非常愉快的互動，一次重新提振你們可能認為是兄弟姊妹、母親和父親、女兒、兒子、孩子的人們，他們在離家一段時間探索其他領域、擁有其他經驗之後，享受回到有家人陪伴的機會。所以這好像是一個感恩節週末，一次重聚，每個人都懷著莫大的喜樂，感覺到、理解到那個擁抱是多麼的美麗，它將會變得多麼浩瀚，它將會如何讓地球人類，同時也讓我們的社會成長和擴大，以我們全都覺得非常充實豐富且振奮提升的多種方式！

✶✶✶

傑佛森　你們是否存在於我們認為是未來的時間和空間之中？

艾叔華　是有那個東西，是的，未來。我們確實有能力做時間旅行，如同你們理解的過去、現在、未來，如同你們創造的線性時間概念：過去、現在、未來。我們還是用那種時間和空間的功能操作，雖然有點不一樣，但是有足夠的重疊之處，讓我們能夠與你們交流，能夠理解那個概念，並且以你們認為自己在過去、現在和未來的時間線進程中發生的方式，與你們互動。

我們愈來愈能將一切感知成此地和此時，於是就能夠進入你們的現實，而你們會說那個現實是我們的過去，另外，我們與你們一起參與你們的當下此刻，那對我們來說也是當下此刻。兩個現實中的現在，始終存在於現在，我們只是將覺知焦點從過去、現在、未來覺知的線性時間中移除掉。我們聚焦進入當下此刻，於是能夠與你們連結，而選擇投入當下此刻的那些人，也能夠與你們連結。因此，我們全都在這裡，在當下此刻。我們全都能夠以這種形式在交流時產生共鳴。關於這個回答，你有任何的疑問嗎？

傑佛森　有。我了解我們可以相遇的地方是當下，是現在。

艾叔華　是的。

傑佛森　可是你們社會發生的位置，代表了離我們的現在多遠的未來呢？

艾叔華　概括地說，大約是一百二十五年。那是最顯著的頻率焦點，大約在那個時候，你們的世界將有更多的能力回顧這段時間的歷史、地球的故事，看見不同的時間線之間該如何調整，你們的二〇〇九年和我們在未來的一百二十五年，如何才能夠如此簡單地匯聚在當下此刻。

你們的社會大約是從你們時間的現在開始一百二十五年後，將會非常精通且全面地理解時間旅行的概念，而且一定能夠進行時間回溯，重新活出像現在這樣的時刻，聽見這次的溝通，彷彿它是第一次發生，即使你勢必是從未來的一百二十五年經歷這一切。

＊＊＊

傑佛森　我現在想問的問題是，你們計算時間的方式，是否與地球上計算時間的方式相同？

【艾叔華】就這一點而言，我們擁有比較被放大的時間，或許在我們世界裡的一年，大約等於你們世界裡的七分之一年。因此，我們每七年就是你們的一年。

【傑佛森】好的！你們的物質身體可以維持多久的時間？你們平均活多少年？還是活多久是可以選擇的？

【艾叔華】大約三百年。

【傑佛森】三百年。所以你認不認為，長壽的概念與一個社會的意識層次的關係，大過於與外在環境的關聯？

【艾叔華】可以這麼說。

【傑佛森】原來如此。

【艾叔華】但是，不見得總是需要這樣。生命形式可以選擇化身在任何特定的生理形式裡，擁有不同的時間長度。他們可以擁有非常短暫的物質化身，但對「存在」（Existence）本質的理解，以及與「存在」本質的「一體性」（oneness）連結，卻是非常遼闊浩瀚的。

＊＊＊

【傑佛森】原來如此！所以我問過了你是誰、你從哪裡來，現在讓我請問你這個問題，這樣我們就能夠了解你們對我們的看法，對你們來說，地球人是什麼人啊？

艾叔華

對我們許多人來說，你們一直是一位「老師」，教我們許多東西，為我們提供許多視角，豐富了我們的世界，也為我們帶來與其他社會分享的機會，我們看見你們的世界經歷了什麼，好讓其他社會可以從你們的世界學習，並且更輕易地穿越之前在他們的共同創造經驗的世界裡那些一直被感知成障礙的東西。

我們發現，地球人對我們來說有點像是一套父母組件。因為如同我們提過的，有基因血統的連結。在某種意義上，我們許多人就像是你們的孩子，在生物學上，在遺傳學上，不是百分之百，因為我們確實擁有一些基因組成是來自你們認定的其他外星生命形式。

我們還認為，地球人具有遼闊而強大的想像力，讓你們可以做到所謂的「關掉光」，在自己創造的所謂「鬼屋」之中玩耍，可以在對某些人來說是「恐怖廳」的房間裡，因「嚇人的小生物」而跳開。我們讚賞、理解，而且明白這些想法只是你們許多人選擇在你們的世界上創造的體驗，為的是看見你們可以多麼的「黑暗」。光是從你們如何體驗自己的角度，就可以明白你們可以偏離自己的真實本質到什麼程度。當然，你們永遠不會是真正「黑暗的」，永遠不會斷離你們真正浩瀚的知識和理解。我們簡直是找到了莫大的喜樂，領悟到「那個本然存在」（that which is）如何以遠離和移除「白晝之光」的多種方式，來探索及創造自己，而且還具有那份決心、那份動機、那份耐久力，來推動你們的自我不斷從某個人生移動到下一個人生，從某一個世代移動到下一個世代，而且一次又一次地與這個地球人長久以來一直參與且非常深入又分離的黑暗一起玩耍。我們絕不會在任何意義上，認為「黑暗」是較少的或非聖潔的，「黑暗」只是因為人類沒有覺察到自己真實、浩瀚、美麗、喜樂的本質。

傑佛森 噢。

艾叔華 我們絕對不會以任何批判評斷、小於或大於、比較聖潔或比較邪惡、對或錯的方式，去感知任何生命。

地球上的人類，只是選擇了去創造超巨量的體驗，那些體驗可以被標記成「黑暗」，因為人類在經歷這類體驗時，並不知道自己的實相就是「造物主」，他們實際上是多麼優美而強大。他們經常覺得自己好像很無助，或是聽命於自身之外的某股力道，而那股力道決定了他們的未來、他們的命運，導致他們似乎經常放棄自己的力量，讓他們在黑暗中感知到在自身之外的一股力道。

我們確實非常喜悅，不僅是因為體驗到地球人的想像力是多麼強大、多麼有創造力，可以想出這樣的「恐怖鬼屋」，而且還看見你們如何穿越這間鬼屋，從出口出來，進入「白晝之光」，然後邊笑邊玩，繼續過完剩餘的日子。我們能夠採用你們如何完成這個轉化的那些機制，然後如同我們說過的，將這些與其他跟地球有著相似意識層次的社會分享，這些社會也一直玩著屬於他們自己的「鬼屋」，玩了好一段時間。我們也樂於提供各種視角，覺得那些視角可以讓人類覺察到自己比較真實的本質、自己的莫大喜樂，覺察到自己真正的造物主身分，他們被真正授權賦能，成為這個實相的創造者。因此，他們很快就會發現，沒必要繼續建造鬼屋，在裡頭迷路。他們將會更頻繁地擁有「太陽之屋」(house of the Sun)。那是一間劇院、一間製片廠,充滿光、好玩和振奮提升的能量、合作的能量、滋養的能量,而且他們會感覺被他人滋養了,也會感覺好像在滋養他人及其自我。所以,這些是我們與親屬、同族靈魂、家人、父親、兄弟、姊妹、母親、親愛真誠的同伴互動時,所找到的一部分莫大喜樂。

✶✶✶

傑佛森

好的,原來如此。如果我將「光」定義成「信息」,而將「黑暗」定義成「缺乏信息」,那麼以下的說法是否恰當?例如,地球上的人類家族是由勇敢的靈魂組成的,他們想要探索的概念是,活在某種黑暗的狀態中,或是不知道自己到底是誰,為的是之後找到自己回到光之中的路?

艾叔華

把這個當作概念之一,答案當然是肯定的。然後,另一個概念是,當你們選擇體現或化身成為物質身體時,打個比方,你們的身體和信念系統在某種意義上就像是一副雙筒望遠鏡。雙筒望遠鏡使你們可以聚焦在山坡或風景的特定部分,那麼一來,你們就看不見整座山脈或周圍的整片風景。在生命的無限景觀中,你們只是體驗到透過雙筒望遠鏡在視覺上聚焦的那些部分。你們只體驗到你們相信的部分,因此聚焦在那個部分,而且因為那麼做,你們可能會無法覺知到整個鄉間的遼闊浩瀚,那是在雙眼之外,在你們身體的生物存在的雙筒望遠鏡視野之外。就此而言,這可以是以正向的方式運用焦點和局限，如此一來，當你們是這個世界上的人類時，不會覺知到「一切」。於是你們可以體驗到新穎、新鮮、令人興奮的經驗，而且可以活在一個未知的世界裡，並且會有奧祕進入你們在此體驗的每一個片刻裡。那奧秘進入時，是以能夠令你們興奮、可以推動你們前進、促使你們和他人以喜愛且令人著迷的揭露方法來投入新生命的多種方式。

在某個時間點，你們可能會開始感覺到不舒服或不愉快，因為在一個你們的信念或「雙筒望遠鏡」長期聚焦在實相的「黑暗」定義的世界裡玩耍，限制了你們看見自己真實喜樂本質的能力。你們甚至可能會在自己的創造才華中，發現創造痛苦只是生命的一部分。如果某些經驗對你們來說是痛苦的，你們只要接受生命中的這些經驗，然後將它們定義成「比你們原本可能擁有且更痛苦的其他經驗更好」。依據你們如何在這間「鬼屋」裡創造歡樂和痛苦的感知，在這個「光」似乎欠缺的「黑暗」領域裡，在你們看不見整個「鄉間」的地方，因為你們長久以來一直用「信念和身體生物學的雙筒望遠鏡」來聚焦，而且只聚焦在生命潛力之鄉間的某個元件，那裡沒有許多的「光」，沒有許多「你們真正是誰」的信息，因此，你們沒有全然覺知到內在本質的真實景觀。

傑佛森

所以，其實沒有理由說「黑暗」是邪惡的，「光明」是好的。

艾叔華

對！就「你的宇宙」（Youniverse）實際的存在本質而言，就「能量的實際情況」以及「能量究竟是什麼」而言，並沒有好或壞。在你的提問所指的背景下，光明和黑暗既不是好，也不是壞。「你的宇宙」的實際本質，基本上是中立的，它既不好也不壞。在這個中立的能量之內，你有能力創造世上有好的、明亮的、黑暗的、壞的、對的、錯的、邪惡的、聖潔的概念和妄見。然而，你用來創造這些想法的一切能量，你在其中感知到這類想法的一切體驗，舉例來說，假使你要選擇好與壞、對與錯、聖潔與邪惡的想法，促使這個想法成為可能、好讓你擁有那段體驗的能量本身，其實是中立的，而且接納並支持「一切萬有」。你有辦法以某種方式利用「存在」的能量並與之合作，讓你能夠以所選擇的那種方式體驗到「你的宇宙」！

傑佛森 原來如此。所以基本上，這些是我們為了體驗而創造的定義。

艾叔華 是的。

✶✶✶

傑佛森 顯然我們所做的每一件事，都是出於推理、想法、理解，以為棍子的另一端一定有所謂值得嚮往的利益，以為我們在活出這段體驗之後，一定會變得更好。

艾叔華 你們總是根據當前的信念系統，做出你們感知到的選擇；你們所感知的，將是最愉悅，也最符合由「一切萬有」無限支持和接納的真實本質，而且大大遠離痛苦的、不適的、不滿的、沮喪的妄見體驗。

你們總是根據自己的信念系統做出選擇，根據那個特定的「信念雙筒望遠鏡」，你們目前用它來觀看自己生命潛力的「鄉間」。你們總是做出那個你們感知到將會帶來最大歡樂和最少痛苦的選擇。你們對於歡樂和痛苦，也有一套相關的信念系統。因此，你們的物質身體的心智，你們的物質心智，可以創造出與你們實際且真誠的歡樂本質相應的歡樂和痛苦信念系統。在「存在」的實際本質裡，是沒有痛苦的。不過，你們的心智，你們的物質心智，也可以創造出與你們存在的實際歡樂本質不相符的歡樂和痛苦經驗。

所以這裡有一種方法，可以辨別你們的歡樂和痛苦的定義，是否與你們的實際本質和諧同調，還是與你們的實際本質格格不入。如果你感覺到任何的痛苦，那麼你的定義就是與實際本質不相符。如果你感到愉悅，那麼你的定義就與實際本質比較一致。

每當你體驗到任何痛苦時，都可以承認你對生命和自己的定義及信念，太過局限了。它們與真正的你並不一致。它們太過聚焦在「生命潛力鄉間」的「較黑暗」區域，那裡沒有關於你真正是誰的足夠信息。然後你可以透過「雙筒望遠鏡」擴展你的視野範圍，直到你在鄉間看到更多的「光」為止。也就是說，你可以擴展關於你真正是誰的信念，並且允許關於你真正是誰的新概念，進入你的覺知裡，進入你的「視野」中。然後，你將會更清楚地看見，該如何重新定義自己，做出新選擇，建立新信念。在新信念裡，依據你的感覺、你在每個片刻裡的感覺，會包含比較少的痛苦，擁有比較大的喜樂。

你可以用「心」（heart）而不是用「頭腦」（head），來增強辨別歡樂和痛苦的能力。

學會體認到什麼對你來說感覺起來是好的，而不是你認為什麼感覺起來是好的。傑佛森，我們這裡說的是你們的一般情況，不一定是在說你。

傑佛森｜謝謝你！如果我們對這個概念有所了解，或許可以協助並支持我們應用自我寬恕，因為我們將會回顧事情，然後說，在那個特定的時刻，我得到的信息就是那麼多，我已經盡力而為了。

艾叔華｜是啊！太好了！我們覺得那與現在這整個概念是相應的。當人類逐漸理解到自己究竟是誰，他們便在自己的覺知中擴展，而且要他們去寬恕會變得比較容易，因為他們對「自己究竟是誰」的覺知擴展了。他們領悟到不需要對別人懷恨在心，因為他們更清楚地看見，其他人實際上也是他們自我的表達。

傑佛森｜原來如此。所以，緊緊抓住「我所達成的一切，決定了我是誰」這類信念系統的危險，在於我們最常用結果來確認自己的身分。

艾叔華｜有許多人覺得「他們是誰」等同於「他們已經達成的」。

✷✷✷

傑佛森｜你正在談論痛苦和歡樂。你認為隨著我們的進化，我們靈活地得出定義的能力，也會隨之增強嗎？

艾叔華｜是的。定義也一定會減少。

傑佛森　這在你們的世界裡是如何運作的呢？在你們的社會裡是如何運作的呢？舉例來說，有不利的事發生在你身上時，你是否會將之錯誤歸因於是你所感知到的、在你之外的某個人引起的？

艾叔華　那不會發生在我們的覺知裡。不會的，我們不會有那樣的經驗。我們不怪罪另一個人，不會為任何事物指責某人或其他東西。我們的運作源自於領悟到「造物主存在於一切事物之中和每時每刻裡」，簡言之，那就是我們的本質。造物主就是萬物的樣子，存在於萬物之中，所以我們不會以任何方式、形狀或形相，來體驗分離感，或是體驗某樣東西是「身外之物」，因此，指責另一個人只會等同於指責我們自己。我們不指責或怪罪另一個人，反倒是對我們正在經歷的一切和「我們所是的一切」（all that we are），負起全部的責任！

我們與這樣的概念非常和諧同調，認為我們所體驗到的一切都是我們自己的，而且屬於我們自己的一切，正是我們體驗到的。生命中有無限數量的潛在經驗、無限數量的表達形式，而我們對生命總是滿懷喜悅和興奮，無論生命是什麼樣子，都是我們在任何特定的時刻，選擇去創造和體驗我們所是的一切。我們知道，我們在每時每刻裡所經驗到的，都與最大的喜樂相應。我們知道它是最恰當的。它是我們無限自我的狀態所帶出的結果。它是一個我們不需要努力達成的結果。我們只需要允許自己承認：當我們單純地體認到，我們所處在的美是由「我們所是的一切」正在表達的所有表達，那麼我們就能以自己最技藝高超的方式去達成成就。

✦✦✦

傑佛森——我想，愛因斯坦說過類似的話：「一個進化的心智，永遠不可能回到之前的狀態。」基於這一點，我的問題是，像你們這樣透過更高階或更寬廣的意識層次的「雙筒望遠鏡」，來體驗生命的存有，是不是也有可能體驗到更高度的黑暗或遺忘呢？

艾叔華——我們有可能發生的情況是，運用時間線的概念聚焦在其他累世，然後契入其他經驗，而這些經驗可能被認為是更深的痛苦，是一種較少覺知的存在狀態，沒有覺察到自己實際存在的本質，但那樣的事不會經常發生。它可能會發生，但是會透過選擇而發生。一個有意識的選擇會被做出，才能造就那種類型的探險。這並不是說我們不能回去體驗你們可能認定是較低頻率的事，概念是，那不是我們需要做的事，那樣的事其實不會令我們興奮。

傑佛森——噢。

艾叔華——就那方面而言，每一個可能性都是一個可能性，有無限數量的可能性。所以我們不會排除那個可能性，但是我們知道，它通常不會是我們的最大喜樂。

✦✦✦

傑佛森——原來如此。這就是為什麼你們還沒有在地球上以物質形相與我們互動的原因嗎？是不是因為你們的振動頻率與我們不同，你們必須等待我們趕上，讓我們的頻率可以匹配，然後那種互動才能夠發生？

艾叔華

「趕上」不見得是必要條件，而是比較偏向物理層面的，其概念是，當兩個有意識的能量處在某個類似的振動頻率時，它們就能夠共振地相聚在一起，並且以它們可以選擇的任何方式、形狀和形相互動。你們目前的頻率，使我們無法真正完全匯聚過來，而在實質上有所接觸。

傑佛森

哦，是這樣嗎？

艾叔華

當你們創造自己存在的時間選擇時，它的物理性其實不會容許那樣的事在這個時候發生。因此，在某方面有一種排斥的自然成分，那會提供一種疏離感，然後被建造在所謂的方程式裡。而且，如果你們整個社會做出的選擇，是透過個人的努力、渴望、集體協議，達到某個比較能與我們的頻率共振的特定集體頻率，那麼當我們移動進入某個與你們可能選擇前往的地方比較有共振的頻率方向時，我們就可以在某個類似的和諧頻率會面。

你們不需要趕上。如果你們想要以集體社會的身分，與我們更頻繁地對話，那麼你們的社會只需要選擇做出那麼做的抉擇。你們現在有更多人正在做出那樣的選擇，但是你們通常沒有覺知到，因為你們有時候是在被認為是睡眠狀態的意識領域上那麼做的，也就是當你們在夜晚熟睡或白天做著白日夢之時。有其他方法可以讓這件事發生在你們清醒的時候，但始終是透過你們自己的選擇。

傑佛森　原來如此。所以這就像是你們要走一半的路，而我們也要走一半的路？

艾叔華　是的！

傑佛森　然後我們雙方將在頻率會一起共振的那個點實際碰面，對吧？

艾叔華　基本上，是這樣。

＊＊＊

傑佛森　好的。如果今天地球上有一個外星人，他們是否必須把意識降低到我們的意識，「躍入黑暗」，可能忘掉他們是偉大的存有，然後開始表現出跟我們相同的行為？

艾叔華　如果我們當中有一個人要那樣縱身一躍，就有那個可能性。但是你知道，或許你以前從其他管道聽說過這個類比，概念是，只是一個人的話，我們不會真正縱身躍入你們集體人類廣闊無垠的深藍意識之海中。

傑佛森　啊，原來如此。

艾叔華　我們有一個以心為出發點的強大團隊心智，我們不會迷失在你所說的一個人單槍匹馬前去可能會發生的狀況裡。我們了解，單槍匹馬前去對我們沒有什麼好處。我們了解我們可能會因此迷路了。
我們體認到，你們星球上的人類確實選擇了在某方面經歷過漫長的地球年份後，才做出那個選擇。身為地球上的人類集體，你們確實在某方面躍入地球行星意識的深藍大海之中。你們可能看似迷失在這間「鬼屋」的深黑領域裡。不過在你們縱身一躍之前，在某種意義上設置了一個歸巢裝置。

你們確實將某些機制放置在地球之外和意識之海的表面，好讓你們不會永遠迷失在這片黑暗領域，以及它的寬敞遼闊，還有星辰、太陽系、彗星、太陽等諸如此類的物質宇宙。可以說是，你們安排了要有一條繫鏈，要接通氧氣管。你們有一條連結到你們的通訊線。

在某種意義上，地球和人類現在選擇將自己向上拉回到更大覺知的表面，重新連結到那條通訊線，以便取得更多「來自供氣管中的氧氣」，以便「鞏固那條繫鏈」，以便憶起更多關於你們究竟是誰的一切。

我們現在與你們的溝通交流，是你們已經選擇的方式之一，為的是重新點燃「你們真正是誰」的覺知，以及再次浮出水面。我們在這裡絕非偶然。一旦與我們和其他族群在一起，你們將全體匯聚過來，選擇再次上升到表面，體認到你們是多麼的崇高，你們是寬敞的、美麗的、有創意的存有，在無限而唯一的「你的宇宙」領域裡，我們全都相聚在一起！

傑佛森

好的！所以我們現在正在重新崛起，踏入一個更大的智能生命社群，其中可能包括與星際的宇宙聯盟互動。

艾叔華

太美妙了。你們正做著這樣的事，而且承認你們正在執行！你們體認到它！這有助於支持你們一直以來決定那麼做的選擇。單純地體認到並承認它，有助於種子長成植物，有助於植物長成樹木，有助於樹木綻放開花，甚至是帶來果實，然後可以運用多種愉快的方式，創造出新一輪有助於思考和歡喜食用的高營養食物！

✷✷✷

傑佛森

是的，太棒了！感謝你！當我們重新崛起，融入這個更大的智能生命社群，認為「所有外星人都心存善意」是不是很天真呢？

艾叔華

在你們的界域裡，有些外星人有自己的盤算，那些不見得符合你們的最高利益，不見得符合我們感知到的人類現在想要做出的選擇。人類現在想要採取的方向，是更常重新連結到內心，更常重新連結到他們的感覺本質，更常重新連結到他們究竟是誰，重新覺醒，更輕易且更頻繁地走出鬼屋，體驗到自娛娛人的光。

有些外星人沒興趣看到人類那樣的成長過程，但是這類外星人比你們想像的數量更少，距離也更遠。而且當你們愈來愈聚焦在提升的表達和方向，當愈來愈多的人類領悟到，關鍵在於選擇真正提升他們的東西，同時以那樣的方式裝飾他們的日子，談論它、讚賞它、承認它、撰寫它、夢想它，以及創造支持那個方向的藝術、音樂、戲劇、電影，那麼他們往那個方向移動的頻率就愈強勁，於是他們會距離那些仍舊選擇在比較黑暗的地方蹦蹦跳跳的少數外星人愈來愈遠，那些黑暗地方可能被認為是具有操控、錯誤信息、誤導，以及欠缺真實的指引。

✷✷✷

傑佛森　原來如此。我想要請問你，我在這段迷人的對話期間發現的某樣東西。在另外兩個場合，我問過你，你們行星的名字，而你選擇說那顆雅耶奧行星，而不是說「我的行星的名字是土星」或「金星」。你們有沒有可能因為對提高我們的意識層次伸出援手，而危害到你們自己，還有——

艾叔華　不會。我們只是覺得，容許那個標籤、那個名字、那個稱號在某個特別的時間穿透過來，比較具有冒險精神。我們的星球，如同我之前簡略提過的，是非常支援贊助的，而且它擁有十分長久的未來。它是非常滋養的，不只是對我們的社會來說，對於不時造訪它且不時造訪我們的航空器的其他人而言，也是如此。我們的世界在許多方面都跟你們世界上的某些度假勝地非常相似，但是也有許多差異。它是人們可以前來玩耍的地方，前來體驗更多好玩的探險，感受安心自在，而且是從他們如何感知到自己的當下實相的視角出發，因為他們目前正在創造自己的感知能力，感知到什麼是最喜樂的、什麼感覺起來像是他們可以在其中玩耍的度假勝地。所以，我們的世界是非常快樂的，不只是人們快樂，星球本身也很快樂！

✱✱✱

傑佛森　好的。我們可以之後再找時間談論這一點。我會對此感興趣並提出這個問題，是因為你與我們分享的這些概念，肯定可以幫助許多人提升意識，不管他們原來的意識層次如何。那一定會為我們整體的生命增添價值，幫助我們進化。

所以我之前的問題是比較想要了解，你們選擇與我們分享這些信息，是否使你和你們的社會在某方面處在危險之中，因為某個其他種族可能不希望我們取得揭露「我們真正是誰」的信息？

艾叔華

目前沒有能力讓那樣的事發生，但是我們了解這個概念，而且我們明白，在許多世代的地球經驗中，曾經有需要隱藏你們某些人所感知到的那些可以透露給每個人學習的信息。我們了解曾經有許多的祕密社團，而且我們明白，創建祕密社團在某些情況下是有用的，但在其他時候，這麼做只是拖延時間，讓人們一直認為「需要隱藏」那些可以揭露你們實際本質的信息。

當愈來愈多人放下了「自己需要掩飾心中的喜樂、隱藏自己的實際本質、隱藏自己感知到的那些可以啟迪他人的理解」的信念，巨大的成長就可以發生。當愈來愈多人放下這個信念，而且更加敞開地在每個片刻發自內心地表達，讓他們永恆的心和物質身體的喉嚨形成表達上的密切配合，那是非常振奮提升且與其實際本質相應的。當愈來愈多人那麼做，就會有愈來愈多人將會領悟到，他們不需要隱藏對自己的實際本質的理解，不需要隱藏這個存在（being）的頻率。那是一種支持和相互滋養的永恆頻率。當人們放下那個信念並敞開來，就會開始領悟到敞開的價值。假以時日，你們社會中的版權和法律合同等概念，也一定會被淘汰。這將會發生在恰當的時機。

所以，我們不會為了保護我們的自我，而保留關於我們的特定信息。我們明白我們的頻率具有那樣的性質，它不會如同你感知到的那樣，被某種希望「拉上窗簾」、結束我們與你們之間這種交流的其他意識所滲透。

✵✵✵

傑佛森｜了解。艾叔華，這裡有人正在研究且設法盡最大的能力，去理解與非地球存有之間發生的交流和互動。他們認為，有些外星存有將地球視為一顆罕見如寶石般的星球，在沒有任何科技的幫忙或協助下自然而然地進化了，而且具有其他地方都找不到的豐富多樣性。從你的視角，太空中還有任何其他「遊戲板」像我們的星球一樣，是如此罕見的寶石嗎？

艾叔華｜由於「存在」的無限本質，我們相信一定有這樣的星球。或許有些也與地球非常相似。我們曾經與某些非常相似的星球直接交流過。還有我們沒有直接互動過的其他世界，但是我們聽到那些跟我們分享經驗的其他人說過，因此能夠確認那些世界與地球很相似。地球是獨一無二的，所有世界也都是這樣，然而，所有世界都包含一位造物主，那一個完整、無限的存有，等同於「愛」（Love），等同於「本然所是」（Is-ness），等同於「你的宇宙」（Youniverse），等同於「無限」（Infinite），等同於「一切萬有」（All That is），等同於「一切生命」（All Life），你想要用哪一個標籤都行。不過，我們發現自己大大地被你們的世界所吸引，勝過我們接觸過的其他世界。許多時候，我們都了解這份吸引力的原因，但有些時候也不甚明白。我們只是體認到，在我們雙方一起互動時，那份喜悅、那份歡樂是更大的。因此，在某種意義上，我們基於那個原因，會將更多的時間聚焦在與地球存有交流。現在的地球有許多獨一無二的奇妙特質，而我們非常、非常感謝能夠在這個時候，以這種方式與你們共同創造我們的體驗。

傑佛森｜你能夠與我們分享其中幾個這樣的特質嗎？因為我知道你擁有周遊各地、造訪不同太陽系的其他存有，並且與其互動的經驗。地球確實具有而其他行星不見得表達出來的，前兩件最有趣的事情是什麼呢？

艾叔華｜其一是，在地球上，人類這樣大的一個集體，居然有能力創造「與自己斷離」的信念，然後他們崇拜這樣的概念，認為在自身之外有某個比自己更大的東西，而那東西要對他們的世界以及他們的經驗和選擇負責。在我們的經驗中，這多半是非常獨特的。很可能有其他世界曾經這麼做過。根據我們的經驗，我們發現這是地球和地球上的人類的前兩大獨一無二的特質之一。

你們找到了方法來創造和設計「信念系統的雙筒望遠鏡」，允許你們以如此專注精確的方式，聚焦在自己的無限本質。你們失去了其餘的視角，看不見自己潛在本質的無限視野，你們不只是聚焦在「你們的存在」這麼一個精確的面向，還在尋找一個非常「黑暗」的點位，允許你們感到失落、製造衝突、悲傷地哭泣、感到無望、罹患憂鬱症，以及感知到疾病、不適、癌症、戰爭、對抗、匱乏、爭執、憤怒和恐懼。所有這些東西都只能透過「信念的雙筒望遠鏡」發生，讓信念深深聚焦在認定「你的造物主在你之外，在天堂的某處留神觀看著你，每天評斷著你當天的每個片刻，看看你乖不乖、壞不壞，以評估你是否可以在所謂的耶誕節當天早晨在那棵耶誕樹下收到任何禮物」。有一個信念是，相信某個外在的存有會知道你乖不乖、壞不壞，知道你是否頑皮或乖巧。

根據我們的經驗，這樣感知到某個有意識的外在造物主，是非常罕見的。地球人如此巧妙地創造了與他們的造物主斷開和分離的感知，而且這樣的感知是來自個人真實存在的真正本質。

或許我們發現地球人如此可愛的第二個要素，是創造那個分離感知的能力。你們找到了那張面具，那套過濾系統把你們自己偽裝得如此深入、如此黑暗、如此全然，好讓你們長久以來能夠創造各式各樣琳瑯滿目的分開、斷離且黑暗的體驗。我們不評斷這一點，因為我們從一個非常中立的心態來體驗和觀察它，就跟「無限」、「一切萬有」一樣。它只是你們在體驗「什麼是實相」的領域中，所做出的一個選擇。我們體認到它不是你們的存在的真正本質。我們感謝你們願意與我們分享且與我們一起參與，也願意從這個黑暗的地方醒來，而且願意擴展，促使你們自己更容易放下這些「老舊的雙筒望遠鏡」、這些老舊的信念系統，以及放下「相信分離」的信念，讓你們可以更輕易地體驗到不只是你們所是的喜樂，也體驗到目前不存在你們星球上的所有其他生命形式的喜樂。

傑佛森——原來如此。

艾叔華——那麼說回答了你的問題了嗎？

傑佛森——回答了！的確回答了！謝謝你！所以，我們是選擇要在這顆星球上化成肉身，是這樣嗎？

艾叔華——從我們的感知，那是你們可以感知到你們的存在的唯一途徑。你們選擇了「創造化身成一具物質身體」的概念，是的。

傑佛森——所以，無論「天氣」是什麼樣子，我們都很興奮能夠在這裡化成肉身，因為我們可以辦到這件事。雖然在某種意義上，我們對自己隱瞞了真正的身分。

艾叔華——是的。那份歡樂勝過了那份痛苦。所以，你們選擇化成肉身。

✶✶✶

傑佛森——有句話說，如果做人很容易，那麼大家都會想要當一個人。在你們的星球上，你們經歷的困難或挑戰有哪些，不一定是忘記或經歷黑暗或任何東西，你能否分享遇到的一或兩項挑戰呢？

艾叔華——你可否為我們表達一下，就這個問題的背景而言，你對「挑戰」的定義是什麼？

傑佛森——好的。那是指我想要完成某件事，但是我還沒有想出做這件事的方法，或是有障礙使這件事難以完成。

艾叔華 感謝你說出那個定義，表達了你如何在你的問題中定義「挑戰」的概念。我們有不同的定義。

傑佛森 是嗎？

艾叔華 有鑑於你詢問這個問題的背景，「挑戰」對我們來說，涉及了某個我們有興趣進入並經歷，但是還沒有覺察到該怎麼做的活動。當我們一開始還沒有覺察到需要做什麼才能夠「到那裡」時，我們知道那個挑戰將是一趟愉快的體驗。我們非常自在而自信，知道只要跟隨自己的心，就會毫不費力地進入那個境界，體驗到使我們感興趣的東西。在那個挑戰中，沒有任何的障礙感。那對我們來說，比較像是一種可以發現如何到那裡的喜樂。從A點到B點，其實可能就像是從A點到C點，而B點是體驗，就像是「乘船遊河」。我們知道，當需要知道時，就會知道我們需要知道的，所以我們能夠抵達那個體驗，抵達那個頻率。我們也因為知道這一點，而能夠更放鬆、更充分地體驗每一個片刻，更加接受和讚賞我們自己及我們所體驗到的。然後，這個存在的狀態，會以「意識模式」或「顯意識的頻率」被釋放給其他人，而其他人也能夠以正向的方式領悟到這個振動。然後，他們可以與我們一起在這樣的體驗中學習和分享，如果他們想要的話，可以分享這趟旅程的感受、乘船遊河的感覺。他們可能會加入我們，與我們一起知道這將是一趟愉快的乘船旅行，並且領悟到，當他們需要知道什麼才能到那裡時，就會知道他們需要知道的，而且沒有理由苦惱、恐懼，或覺得乘船遊河的沿途沒有可以支持我們的必要機制。

我們知道它是這樣運作的，因為長久以來，我們一直選擇知道它是這樣運作的，於是我們一次又一次、一次又一次地以這樣運作的方式回去體驗。我們毫不懷疑它這樣運作。有好長一段時間，我們一直用這樣運作的方式體驗它。

你和地球上的人類，有能力和機會開始做出選擇，去選擇「希望體認到你們的內部指引機制」，以及選擇「希望憶起該如何做出對你們來說比較成果豐碩及最有意義，且為你們帶來最大人生目的感的選擇」。

現在地球上的人類有能力開始將這個機制、他們的指引系統，定義成發自內心的存在，以及具有知覺感受或動人的感覺。這是一套「什麼感覺起來是好的」的機制，並非他們「認為什麼感覺起來是好的」，而是「什麼感覺起來是好的」。當地球上有愈來愈多人根據「什麼感覺起來是好的」做選擇，而且將「感覺起來好」定義成他們真實的內部指引機制，定義成他們的羅盤，引導他們邁向心中的真北（true north），那麼就那層意義而言，會有愈來愈多人開始得回那些支持這麼做有其價值的體驗，那將使得他們在下一次做選擇時，比較容易更全然地跟隨自己的心，然後這又為他們帶回更多的體驗，讓他們過著非常有意義、有目的、喜悅、有成就的生活，然後這將為他們帶來更大的內在支持，能夠相信這種跟隨自己內心的機制。這個內在的支持，將會為人們帶來更多的能量和意願，可以有自信地把「自己的心」

定義為「自己人生的指引機制」，因此他們將會得回更多更大喜樂的體驗，並且總是知道，無論挑戰是什麼，都將是一份喜樂，可以不費力地、喜悅地、輕易地親身經歷，而且他們將能夠以其他人也可以體認、享受和讚賞的方式，邀請他人同行。那是一個概念，說明我們如何定義「挑戰」、與「挑戰」合作，以及達到那個體驗和完成人生使命的目標。每時每刻，我們都在達成自己的人生使命，那也為我們帶來莫大的喜樂，可以體驗它、承認它、讚賞它，也可以與他人分享。

傑佛森 如果你想要不斷實現你的人生使命，那麼唯一要做的就是，好好聆聽並跟隨你的心嗎？

艾叔華 是的！

傑佛森 地球上的某些人可能會問，他們怎麼能夠直接相信「只要跟隨自己的心，事情就會發生，不必事先制定許多計畫讓事情發生」？此外，我們的社會非常善於聚焦在讓挑戰被達成，而不是聚焦在享受達成挑戰的過程。在我看來，似乎是我們最好聚焦在採取的行動以及沿途得到的經驗。

艾叔華 達成一個目標有莫大的喜樂。體驗到的喜樂中，包括了每一個步驟、每一個取得成果的環節、每一個被創造出來且與整體搭配得天衣無縫的元件。那裡頭有莫大的喜樂。一個人愈是允許自己享受每一個步驟、步驟中和步驟本身的行動，就會吸引其他具有同樣心思和喜悅的人們前來推動、分享、合作，共同創造並為最終完成的項目提供更多的色彩！

✦✦✦

傑佛森

實在是太好了！神奇的艾叔華！我想，今天我們這段最有見識的經驗和充滿喜樂的互動，即將結束了。我想利用最後一分鐘感謝你的蒞臨，感謝你跟我一樣興奮。感謝你帶著這麼大的意願並熱情分享，以及如此有說服力地表達和介紹了「活出對自己誠實的喜樂」，讓它成為一個選項，成為一種存在的方式。如同你之前提過的，你分享的知識不僅來自你自己，也代表你們世界的其他人。我們在你的言辭和論述中，發現豐富的領袖魅力和同理心，對此感到讚賞且感激，而我知道，它可以滲入且以人們喜愛的方式，對人們的內心和頭腦產生正向的影響。非常感謝你！

艾叔華

是的！謝謝你！我們很榮幸有機會與你們分享，以這種方式與你和你們的社會交流，創造這個第三實相，以我們認為那體驗起來是迷人且非常冒險和愉悅的多種方式，一同進入某個開悟的空間，這對我們和你們來說都是充實豐富的。而且，必定有莫大的愉快與你們同在，在你們的意願之中，也在你們的渴望裡，使你們想要分享、保持好奇、發現、探索，想要在今天下午參與的這次合作中提出洞見。我們感謝你們！而且我們期待下一次與你和這個傳訊管道一起聚會，以這樣的形式，使你們可以帶出更多的資料，並以印刷的形式出版發行，讓其他人有一天可以分享，並且以你們從來沒有想過的多種方式成長，但那卻是我們向你們保證過的提升方式！所以感謝你們，我們一定會再見面。在我們離開之前，還有什麼臨別的見解或分享嗎？

傑佛森——由於你所在的意識層次，你可以看見未來，對吧？因為我記得，二月份我們第一次在我的廣播節目中互動時，你說過「我們會有進一步的互動」，你已經知道了，對吧？

艾叔華——你可以說，有一些「牆上的字跡」，而我們打開了那扇門，看見了當時寫下的那個潛在腳本。

傑佛森——你說的每一個字我都非常注意，因為在我們互動期間，你會在這裡和那裡留下一些已經可以描述未來的線索。

艾叔華——謝謝你！是的。我們喜歡留下一些「爆米花在小徑上」，讓你們可以選擇沿途探險。是的！

傑佛森——爆米花，很好！（笑得超開心。）好的，艾叔華，非常感謝你。我期待下一次，而我確信肖恩也期待下一次，我們可以再次以這個形式與你互動。

艾叔華——我們也期待，親愛的。感謝你們，祝你們探險愉快！期待下次，滿滿的愛喔！祝你們好運喔！

傑佛森——滿滿的愛喔！祝你好運，再見！

Chapter 03

你的重要性和價值
是無限的

在我們的社會中，
絕對沒有哪個人是沒有「得到」、
被壓抑、躲藏在恐懼之中，
沒有能力體認到
是他們創造出自己的實相。
我們全都能夠負起責任，
而且對我們正在體驗的一切負起責任。
在我們每時每刻體驗到的一切當中，
都有莫大的喜樂存在。

——艾叔華

2009 8/3

艾叔華 我們總是很享受以這些方式共同交融的這些時刻！帶出信息，分享，共同創造新的第三實相！一起互動，進入以前看不見的領域，藉此帶來光、想法、真理和信息！

在你們時間的今天下午，你好嗎？

傑佛森 真開心！有機會以這些方式再次與你們互動，真是太好了！

艾叔華 是啊，我們也這麼覺得！在你們時間的今天下午，你們希望怎麼繼續前進呢？

傑佛森 我會先從提問開始，找出更多關於你們的信息。我想要談到的第一件事，跟你之前說過的一段話有關。你說，你們的文明現在在這裡與我們交流，絕非偶然。你說，來自你們的這些交流，是我們的地球文明已經選擇的眾多方式之一，為的是體驗重新憶起更多「我們是誰」的信息。換句話說，地球上的人類安排了要經歷一場探險，進入限制與分離的未知領域，而現在，我們已經選擇了與你們及你們的社會進行這些類型的溝通，做為重新崛起、回復覺知到我們真正是誰的眾多方法之一。因此，從你的視角，這本書是不是可以充當觸發器或催化劑，允許更多個人的光、更多個人的內在知識變得可以取用，讓他們能夠以更大的韌性參與物質實相，也因此可以更自由地在人生潛力無限的領域裡玩耍？

艾叔華 是的，那是我們的理解，那是我們體驗到的。

＊＊＊

傑佛森 我想要請問，在你們的社會之中，人們身體上有何特徵？好讓地球上的我們可以有一些概念，知道你們看起來是什麼樣子，知道「人類的太空兄弟」可能有什麼顏色、形狀、形相。你可以回答這個問題嗎？

艾叔華 可以。我們可以趁這個時機帶出一些與那些概念相關聯的信息。

傑佛森 好的。太好了！你在之前的互動中說過，我們雙方有一些差異。你說你們繼承了地球人的ＤＮＡ，但是也繼承了其他種族的ＤＮＡ，那足以讓你們被注意並認定是某個太空兄弟，而不是地球人類。

艾叔華 是的。

傑佛森 根據許多不同來源的研究，我得出的結論是，地球上女性的平均身高是五英尺四英吋（約一百六十三公分）高，體重是五十六．七公斤。男性的平均身高是五英尺九英吋（約一百七十五公分）高，體重是七十九．四公斤。艾叔華，你有多高？你的體重是多少？在你們的種族中，人類的平均尺寸是多少？

艾叔華 有個別差異，但是如果以英尺量測，男性平均大約是五英尺六英寸（約一百六十八公分），女性大約也是五英尺六英寸。女性的體重通常平均輕一點，但是男女的身高非常類似。同樣的，有個別差異，有些比較矮，有些比較高，有些比較輕，有些比較重。在你們的社會可以體驗到差異，我們的社會也一樣。所以那些只是平均值。

傑佛森——你呢？你有多高？

艾叔華——我大約是五英尺四英吋。

傑佛森——以磅或公斤為單位，你的體重是多少？

艾叔華——大約是你們的一百二十磅（約五十四．四公斤）。

✶✶✶

傑佛森——在你們星球上的人們，出生方式是否跟我們在地球上很類似呢？

艾叔華——這方面跟你們很類似。我們的遺傳基因跟你們的非常相似。我們有一段在女性胚胎裡的發育期，在出生前可能需要七到八個月。

傑佛森——那麼你們的家庭結構是否跟地球上的結構相同呢？

艾叔華——我們的孩子屬於整個社會。親生父母通常在早期撫養、照顧及提供幼兒一些主要的需求。然後孩子進入社會，被認為是我們所有人的孩子，可以與任何一個人一起共組家庭。

通常一個孩子會與親生父母同住四到五年，然後，在某種意義上，他們搬出去，進入世界。他們並不是自己一個人搬出去，而是跟我們全球家庭的其他成員一起搬出去。被選中的家庭，會體認到這樣的孩子是適合在某段特定時期進入他們家庭的人選，可以協助那個孩子在下一階段的成長、生命教育、進一步的發展，以及從那個孩子身上接收新的信息。

這麼一來，成年人和孩子們能夠彼此分享他們擁有的東西，在他們的人生旅程中，那是在那段特定時期與他們的道路最為和諧同調的東西。

一個孩子在十歲或十二歲之前，可能與四或五個家庭同住過。有時候，孩子會一輩子與親生父母生活在一起。有時候，他們會搬出去，搬進太空裡，就像你們的經驗一樣，搬出去，搬到其他世界和領域，可能一去就是五十到七十五年，才又返回到我們的世界。到那個時候，他們能夠為我們提供一些用其他方法無法取得的經驗。他們會分享在這五十到七十五年間遇到的那些探險、學習、遊歷。

＊＊＊

傑佛森 你們要上學還是向其他人學習呢？

艾叔華 學校教育不見得是以你們的社會建立教室的方式，這並不是說我們認為那樣做不值得，不是那個意思。只是我們的年輕人必須大量學習，才能夠充分運作，發揮最大的潛能。親生父母通常會在孩子發育的最初幾年提供必要的教育。因此，從原生家庭搬出來的孩子，一定會在某方面直覺地理解什麼時候是「時間到了，該要踏出去，到另一個家庭學習」，而這孩子也要與被引導成為其中一分子的那個家庭分享信息。

新家庭中的成人，將會體認到這孩子有信息要帶給他們，那個信息在某方面也可以教導他們、教育他們、指導他們。在某種意義上，這種同住在一起互相分享信息的方式，可以算是我們的一種教室。所以，在家庭生活的各個時期，我們的家庭一起將其他父母的孩子帶進家庭裡。這允許並讓孩子們有能力成為某方面的老師，教導這孩子天生帶來的信息，在某種意義上，他們已經能夠以他人可以理解和學習的方式，自由而富有教育意義地分享和討論。然後，是的，成年人也可以在適當的時機，與這些孩子們分享有價值的信息，而這些信息將會啟發孩子們，使孩子們更有生氣，而且以當事者覺得迷人而愉快的方式進行。

因此，家庭比較像是我們的世界、我們的社會裡的教室。你了解嗎？你看到其中的差異嗎？

✷✷✷

傑佛森──看到了，謝謝你。所以，關於這個概念的另一個問題是，當一個存有想要化身進入你們的社會時，接收的父母雙方在顯意識層次上，是否承認這個存有確實想要透過他們，化身進入社會呢？

艾叔華　在出生之前嗎？

傑佛森──是的。

艾叔華　這樣的事經常發生，但是選擇要在顯意識層次上覺知到這一點，不常是親生父母會做出的選擇。有一種理解是：無論他們到底帶來什麼樣的孩子，在那次受孕之前，在那次物質身體的誕生發生之前，都已經有協議達成了。對某些親生父母來說，有那樣的體認就足夠了。他們不需要事先做任何溝通，儘管有幾對父母會選擇事先溝通一下。

傑佛森　原來如此。你們知道孩子的前世嗎？

艾叔華　即使在某次化身、某次懷孕、達成某次生育協議的選擇之前，知道某些前世可能是有幫助的，但是有時候，父母不會知道自己親生子女的前世化身，也不會知道孩子有過的其他累世，或是可能曾經體驗過、生活過的其他行星系統。這類信息的取得，對我們來說通常比在地球社會中的你們更加容易，純粹是因為我們所在的位置是選擇更加覺知到我們存在的本質。

以社會整體而言，你們還在努力更加覺知到自己的背景和血統，以及與前世的連結。當你們的社會選擇更加覺知到這些類型的關係時，更多的父母和孩子將會有機會在成功懷孕之前、在生育發生之前，進行這些類型的溝通。我們感應到那是你們的社會正在邁進且做出的選擇。

✶✶✶

傑佛森 原來如此。所以，你們有沒有用來確認一個人從某個人生階段移動到另一個人生階段的畢業典禮？就好像表示「現在你是成年人了」或「現在你要靠自己了」之類的慶祝會，或諸如此類的？

艾叔華 我們全都在自己內在體認到，也就是說，在某種意義上，某人正在研究的某樣東西，現在已經得到充分的認可，在那個存有之內被承認屬實了。在某種意義上，他們已經學會了那組信息，明白領悟它了。我們全都承認，那份領悟是在理解和覺知於內心深處的連繫。對我們來說，那是非常豐富的時刻，曾經是那個學習過程的一部分的人們，都非常深刻地擁抱那一刻，與其關聯著。有一份非常深邃的承認、擁抱、覺知。

我們有一種感官覺受、一種感覺，以及一種來自認知的理解，明白這個人在其生命的那一刻，已經學到了、觸及了或達到了某個特定的存在位置。在某種意義上，你可以稱之為「畢業典禮」，但是就那一點而言，不只是經歷把帽子扔向空中的動作。他們的意識在那一刻上升到非常高，可以說到了天空之中，然後在場的其他人將會體認到這股上升的能量。其他人將會看見那股較高的振動場上升到空中，而且他們能夠有意識地與之連結，所使用的方式在某種意義上是：可以讓連結到它的每個人，都為那個人的領悟或「畢業」的成長，提供一種讚賞、儀式、慶祝。

✷✷✷

傑佛森 在你們星球上有商業嗎？就好像我們這裡有金錢和貨幣系統？這在你們的星球上如何運作呢？

艾叔華 就那一點而言，我們沒有銀行體系。我們沒有銀行帳戶，不必儲蓄任何東西，我們絕不會失去任何東西。我們保留我們的理解。我們覺知到自己的價值，以及每個人都有獨特的才華和能力，而且我們可以輕而易舉地體認到其他人擁有的才華。我們非常容易辨別誰有某些能力，可以在某個特定的時刻嘉惠某個特定的人。如果他們選擇那麼做，就可以彼此交換才華和天賦，用某一項交換另一項，或是把某一項給另一個人。就那方面而言，有個人對「價值理解」的交換，「個人的心的價值」也可以交換。而且那在某種意義上是不會丟失的。它不需要被保存，它是無限的，可以在每個片刻裡被分享，被那些受到吸引而去參與那個分享、去接收那層理解或那段體驗的人們所分享。

我們沒有資金管理的結構。沒有利息要支付。沒有搶劫會發生。沒有需要保護、需要守衛的金庫。不需要警察機關前來查看那些存放在金庫裡卻突然被盜走的私人物品發生了什麼事，那是你們可能在你們的社會裡體驗到的。

✸✸✸

傑佛森 在地球上，我們有不同的意識層次。有些人知道自己是誰、別人是誰，所以他們不傷害別人，因為他們知道，別人是他們的「自我」（Self）的一部分。然而，這裡有些人因為受限的信念系統、受限的概念、受限的定義，完全不知道自己真正是誰。這些人當中，有些人做些偷竊或虐待他人的事。你們的星球上，在這方面是否也跟我們的星球上一樣呢？你們是否有些人不知道自己的實際本質，而另一些人卻高度覺知到自己真正是誰，還是你們世界的每個人都有相同的意識水平？

艾叔華

就那一點而言，我們全都了解我們從哪裡來以及我們是誰。我們了解我們存在的本質，也了解那個「存在」無限地存在。我們在所有人當中、在「一切萬有」當中，體認到一切的價值。我們已經在這樣的理解中成長了許多世代，因此我們不覺得某一個人比另一個人更博學、更有智慧。我們體認到，每個人都有非常有價值的貢獻，那是獨一無二的，與其他所有人不一樣，一定會被珍視，一定會在任何特定的時刻，被受到吸引進而與他們共享某段特別經歷的其他人所分享。

在我們的社會中，絕對沒有哪個人是沒有「得到」、被壓抑、躲藏在恐懼之中，沒有能力體認到是他們創造出自己的實相。我們全都能夠負起責任，而且對正在體驗的一切負起責任。在我們每時每刻體驗到的一切當中，都有莫大的喜樂存在。

我們沒有「偉大的大師」。有些人在特定的時間獲選，是為了分享特定幾種理解，那可以允許我們的社會以某種你們可能認為是較高意識頻率的方式向上提升一點，但那個頻率並不是優於我們從前所在的意識頻率。它只是一種比較高的頻率，使我們擁有更大的靈活性，可以更不費力地連結到那個我們樂於在與生命的互動中創造和體驗的世界。

你們可能會說，在你們的世界裡，有些人非常黑暗或愚鈍或昏昧，有些人則是非常的覺知和浩瀚。從我們的視角，你們全都具有睿智和知識淵博的能力。你們當中的某些人只是選擇創造那樣的感知，感知到「你實在不是那麼聰明」，或是在任何特定的一生或時刻都「帶著那樣的感知」。需要大量的「光」才能使你們的意識暗淡下來，進而讓你們難以覺知到自己實際上有多亮。我們讚賞著，有那麼多的你們樂於在你們的舞臺表演中，「穿戴上」那種「妝容」和「戲服」。

✶✶✶

傑佛森——你們的世界，也就是雅耶奧行星，它是不是將一切都創造好，供你們的文明可以在某個意識層次運行，而那個層次從一開始就已經比表現在地球上的意識層次更高？

艾叔華——意識層次更高的部分，只是針對我們全都了解「自己是誰」的意義而言。我們對自己正在體驗的一切負責。我們沒有任何資格指責別人。我們沒有必要強取豪奪。我們以有益於參與分享互動的所有人的多種方式，分享在社會中互動的一切。

✶✶✶

傑佛森——在靈性層面如何呢？在地球上，我們認為，去世的人的靈魂在「另一邊」，可以透過靈媒接觸。你們是否有來自另一邊或是某個靈修人士的指導，可以啟發你們遵循那個在化成肉身之前選擇的人生主題呢？

艾叔華

我們有一種振奮提升的感覺或體受，那是非常正向且強烈的。它是非常明顯，非常顯而易見的。它是我們錯過不了的東西，也是始終在我們的當下覺知狀態中的東西，而且我們了解，它在那裡指引我們進入那一生中、那個特定時刻裡，最足以代表我們的最佳存在狀態的位置、經驗、熱情、時刻、互動、關係。就那一點而言，它是一個非常明顯的指引。

我們不需要像你所說的，與來自另一邊的靈（spirits）那樣對話。我們不需要寫下幾個字母。我們不必坐下來，將問題發送到「空間和時間」之中，然後等待某種互動或交流回到我們身上，像是來自樹木、動物或可能處在某個其他實相層的人。

我們就是有一股非常強大、強烈、上升、愉快的感應在引導我們。它是你們每個人都有能力契入的東西。當愈來愈多的你們覺知到那一點，而且願意將你們的指引定義成那樣的能量，定義成那樣的智能，那麼你們就愈會以那樣的方式被引導，愈會感應到在個人存在之內的那個機制，然後你們就愈會跟隨那份感應，那份由內生出、屬於更強大指引機制的喜樂感。當你們愈常選擇這麼做，內部的指引機制就會變得非常明顯。它會變成一道非常明亮的光，是你在任何特定時刻都不會錯失的東西。

傑佛森

很好！

艾叔華

此外，我們想要說的是，在地球上的你們全體，都可以充分契入所有能夠被覺察到的知識。不過，你們現在選擇在這層有意識的覺知之上，戴上「妝容」和「面具」，在某種意義上，為的是限制你們覺知到你們實際上所是的一切，好讓你們可以在地球的這個階段玩耍和擁有特別的經驗。那些經驗是浩瀚的，有一些是探索幻相，例如，必須面對障礙、困難、被局限，以及感到無望，但這些全都只是因為你們運用信念系統，讓自己換上「妝容」和「戲服」而擁有的體驗。這些信念系統就以那樣的方式，滲入穿透你們的顯意識覺知，賦予你們這樣的感知，以為或許你知道的不多，或是這個人知道的多過另一個人。就你們的實際本質而言，每個人知道的都一樣多。你們全都知道所有該知道的。在地球上，你們只是選擇創造那樣的感知，以為你們不知道那些你們根本就知道的，而那個選擇只是你們的「世界遊戲」的一部分。

✸✸✸

傑佛森｜從你的視角，你會將「上帝」或「最初的造物主」定義成某個至高無上的智能，以及現在、過去、未來等一切狀態的首要原因嗎？

艾叔華｜你可以創造有一位神具有那種能力的概念，但那全都只是「本然」（is）。當你開始四處探索，進入一個簡單的概念時，那全都只是存在於它無限的、浩瀚的一體性（oneness）之中。這個一體性找到了無數種表達自己、好好演出及創造「一切萬有」的方法。

你可以把這個一體性標記成某位神，標記成某個至高無上的智能，然而我們提到的這位神，這個至高無上的智能，是對於「本然所是」（Isness）即「一切萬有」（All That Is）的一份理解。即使是在「戲劇作品」的經驗中，「演員」似乎認為他們與上帝或某個至高無上的存有之間是非常斷離的，但「本然所是」正是使他們能夠擁有那個經驗的因素。那個「本然」正是至高無上的造物主智能，它包含在「一切萬有」之中。

你所在的地方不可能沒有「本然所是」，沒有至高無上的造物主的神智能（god-intelligence）。心智頭腦裡有許多你可以去的地方，可以創造標籤、名稱、概念，也有若干不同的「戲劇作品」，其內容圍繞著造物主是什麼樣子，或是它可以做什麼或不可以做什麼，或是為什麼它做這件事而不做那件事，或是為什麼它幫助這些人而不幫助那些人，或是為什麼它似乎某天在場，然後隔天放假，於是事情便不利於某人。那些全都只是人們選擇創造的「作品」，那些只是他們選擇在「人生舞臺」上自娛娛人的感知。

「一切萬有」，那個至高無上的「本然所是」，實際上每時每刻、任何時候都無所不在，但是人們可以創造出沒有「本然所是」的感知，沒有至高無上的存在，或是它以某種特定的樣子或方式存在，以適合他們的「劇本」，或是他們的「編劇」，或是他們在時代和人生的任何特定時刻的環境互動。

✶✶✶

傑佛森

我注意到，對地球上的某些人來說，並不容易理解我們是某個至高無上的造物主的智能延伸。你如何幫助我們理解這一點呢？你可不可以指導我們如何理解這個想法：我們是自我覺知的能量，已經被賦予了造物主的屬性，而且我們全都可以從那個明白知情的視角來共同創造？

艾叔華

那層領悟將會發生在最適合你們每個人的時機。發生的方式將是獨一無二的，適合你們每個人。它將會以你們各自選擇的方式發生。

通常人們會從某個比較深層的意識做出這個選擇，因此他們並沒有覺知到自己做出了選擇。這讓他們的生命能夠有一份神祕感和新穎感，還讓人們在生命中擁有若干潛在的探險，而且正是「活出那些探險」變成了他們選擇的機制、旅程、道路、步驟，那些將會喚醒他們重新憶起這份理解，明白他們與造物主是同一個。

這個情況可以類比為，你們世界上的人樂於徒步旅行，穿越森林，沿著一條自己打造的小路、一條自己發現的小路前行。在某個時間點，他們喜歡冒險偏離人多的路徑，精心打造自己的小路，找到自己的方式去憶起或重新連結到這層領悟。

一般而言，做著感覺起來很好的事，那是屬於某種由衷本質的事、振奮提升的事，輕易、喜悅、愉快、歡樂、令人興奮的事，諸如此類，那些體驗將會促進一個人重新連結和憶起這樣的想法、認識、覺知，明白他們不僅內含而且就是無限的造物主，無所不知的那一位。他們將會理解到，他們只需要知道和憶起「一切萬有」在某個特定時刻最令他們愉快的那些面向。所以，重點並不是突然間覺知到所有知識，覺知到「一切萬有」。那不是我們現在提議的。重點只是跟隨你們內心的指引，然後你們將會知道自己所需要知道的，進而讓你的物質生命在那趟旅程、那次旅行、那番探險中，在擁有體驗將是最令人興奮的特定時刻裡，擁有一些體驗。人們可以利用許多方法和許多機制返回到這個憶起，返回到這份理解，返回到自我了悟。你們要做著由衷想做的活動，就會快速促進這個返回以進入憶起的狀態。

✶✶✶

傑佛森　關於靈魂的演進，是否可以說，「憶起我們是誰」的自然方法是輪迴的歷程，一個人在其中經歷了許多不同的情境、挑戰、障礙，才能夠學會如何處理「自我」，以及如何負責任地嫻熟掌握住與自己的神能量（god energy）合作共事的能力？

艾叔華　有些人已經在你們的星球上輪迴了好幾個輩子，他們根據以前的生命經驗逐步積累，從中更進一步覺知到他們的實際本質和「存在」的本質。那並不是一個人能夠擴展且變得更加覺察到自己本質的唯一方法，卻是你們這個社會、這個地球上的種族所選擇的一種方法。如果你願意，它會是一種戲劇形式，有許多不同的章節、許多不同的場景，許多不同的層級、位置、背景、家庭和戲服。因此，許多人有能力創造出其靈魂從一生進化到下一生的感知。但是，再說一次，若要在這顆星球上化成物質肉身，並在某個浩瀚的層次上非常覺知到他們的實際本質，同時擁有他們樂於在其中創造和互動的經驗，這並不是唯一的方法。

✶✶✶

傑佛森 原來如此。所以我想下一個問題是，一個人是透過只在一顆星球上輪迴的歷程，而變得全然地自我了悟呢？還是這個人的「靈」（spirit）繼承不同的物質身體，讓它可以在好幾顆星球上化成肉身，直到達成完全的自我了悟？

艾叔華 在某種意義上，從更廣闊的視角，全都是此地此時。如果你正在跟地球上的某人說話，他們可能會告訴你大約三十個自己曾經活過的前世，那些前世可以讓事情看似一切都發生在過去，但事情也全都存在於此地此時。所有那些前世的概念，現在都正在發生。

一個人只是選擇去創造「自己曾經活在過去」的感知，然後選擇去創造那種「談論著過去」的感知。但一切都是現在，一切都在這裡。人們可以單純地選擇創造這個過去、現在和未來的概念，好讓他們可以擁有某種特定的體驗，某種屬於他們的無限本質的特殊韻味。

我有回答到你的問題嗎？你還想要進一步探討那個概念嗎？

傑佛森 我不太了解你的某些答案。

艾叔華 你可以再問一次那個問題嗎？

傑佛森　好的。一個被創造出來的存有，是否必須待在某顆特定的星球上，在同樣的星球上一遍又一遍地輪迴轉世，直到這顆星球完全結束為止？還是這個存有可以在許多不同的星球上輪迴轉世呢？

艾叔華　他們可以創造一個連結，來貫穿一顆星球的整個生命週期。這不會發生在你們在地球上的生理形相之中，因為地球經歷過許多變化，而那些變化會要求生理機能做出巨大的改變，那不是你們所知道的一具身體負荷得來的。所以，有些人的意識存活的時間，或許跟地球存在的時間一樣長，而且一直居住在地球表面，不過他們不會一直都存在於跟你們目前的形相一樣的身體內。

有些人來自其他星球，也去到其他星球，在這裡生活一輩子，然後在另一顆星球上活出另一輩子。在某種意義上，有些人是同時存在兩個地方。他們以你們認定的生物生命形式存在這顆星球上，同時也存在另一顆星球上。有一些這樣的人會知道自己同時在兩顆星球上，在兩個現實世界裡，但數量很少。他們有可能看見兩個世界且經歷兩個世界，但是就目前我們感知到的地球生命來說，這是非常罕見的。

傑佛森　那麼來自你們的星球的存有呢？他們可以比較頻繁地那樣做嗎？

艾叔華　有比較多的人可以做到。

傑佛森　但是他們不一定會選擇那麼做嗎？

艾叔華　有些人的確會選擇那麼做。

✶✶✶

傑佛森　在讓這種事發生方面，人類的DNA扮演某個重要的因素嗎？還是比較與靈魂的進化有關？

艾叔華　是的，生物學上的DNA是生物機體有辦法在那個顯意識的覺知層次運作的一個因素。

傑佛森　人類的DNA融合了多少不同的外星種族呢？

艾叔華　據我們的理解，至少有七種。

傑佛森　有哪些呢？

艾叔華　有阿努納奇（Annunaki）。

傑佛森　是。

艾叔華　還有一些人曾經被稱作「澤塔」（Zeta），但是沒有人了解他們。基本上他們是來自某個平行實相的人類，因為做了某些時間頻率調整的實驗，導致他們有點迴避、有點斷離了，因此他們看起來跟你們不是那麼相像，但實際上卻是非常相似的，幾乎是在一個平行的實相頻率上。

傑佛森　好的。

艾叔華　我們知道的還有其他五種。

傑佛森　是嗎？

艾叔華　那些名字中，或許你們知道的多過我們提供的兩個，但其他五個的名字……由於時機問題，我們會等另一個時刻再行解說。

✷✷✷

傑佛森　好的。雅耶奧社會是外觀上最接近我們的社會嗎？

艾叔華　我們的外觀與你們星球上的人類很相似。不一定是最接近，但是非常相似。有一些人可能看似跟你們完全相同。我們通常有點不一樣，因此大部分的你們會注意到那些差異，但是差異非常微細，因此完全不會令人不安。

傑佛森　所以你們有五根手指頭、兩顆眼睛，就那方面而言，你們的身體形狀對我們來說沒有什麼不尋常的吧？

艾叔華　我們有四根手指頭和一根拇指。

傑佛森　嗯，那一共五根。（大笑。）

艾叔華　我們有兩條手臂、兩隻手、兩條腿、兩隻腳。每一隻腳上有一根大腳趾和另外三根腳趾。

傑佛森　四根！原來如此。那麼你們的眼睛是什麼顏色呢？

艾叔華　有些顏色跟你們在地球上看到的顏色相似，但即使顏色非常相似，從你們的視角來看，那些色彩是非常吸睛的。

傑佛森｜你們有毛髮嗎？

艾叔華｜有些人有長短不一的毛髮，有些人只有非常細小的毛囊在外層，也就是身體的皮膚上。所以這些人不需要髮膠或洗髮精。

傑佛森｜噢，原來如此。所以你們的確有毛髮，但是不像人類的毛髮那麼長？

艾叔華｜是的，對我來說是。

傑佛森｜意思是，你不是禿頭？

艾叔華｜從遠處看，我可能看起來像禿頭，但是有非常細而短的毛囊。在皮膚的生理結構上有好幾十萬個這樣的毛囊。

傑佛森｜你們有尖尖的耳朵，還是根本沒有耳朵？

艾叔華｜我們有耳朵。

傑佛森｜好的。

艾叔華｜我們的耳朵通常不尖。有些人有尖尖的耳朵，但是一般人不是那個樣子。耳朵平均比較小一點，大約是你們世界的耳朵的一半大小。

✶✶✶

傑佛森｜原來如此。所以我想要詢問一下：昴宿星人（Pleaidian）社會是在生物學上與地球人最接近的嗎？

艾叔華

嗯，我們不是昴宿星人。我們或許不是最接近的，但是我們可能也是最接近的。這樣的說法會涉及到時間旅行的概念，也就是在你們與我們互動時，你們正在調頻進入哪一個實相。在某些頻率中，我們是最接近的，然而有幾個頻率，我們並不是最接近的，但是非常接近。

傑佛森

你可以多解釋一下那個概念嗎？因為你之前講過，我也聽過一些……我不確定該如何理解那個概念？所以，這樣的說法如何呢？在某個頻率中，你們是最接近的社會，而在另一個頻率中，你們可能不是。你可以針對這一點詳細闡述嗎？

艾叔華

打個比方，這可能像是你們在一條道路上，道路分叉成三個不同的方向。無論你們選擇繼續走這三條路的哪一條，那一條都會連結到你們的腳步。所以，在你們與其互動的那個時刻，你們聚焦且因此走在上面的那條路，就成為與你們最接近的那一條。

無論你們透過焦點而選擇了與哪一條路連結，那條路都將是最接近的一條。如果你們曾經選擇走另外兩條路，那麼兩條中的任何一條都可能成為最接近的那一條。如果你選擇走左邊那條路，那麼中間那一條似乎就不是那麼近了，而右邊那一條似乎就更遠了。在某種意義上，一個種族的基因結構，可以在研究或分析時顯示為比較接近你們的種族或是遠離許多，這取決於你們將最大的焦點放在哪一個。當你們比較聚焦在與我們互動的那條途徑時，你們與我們社會的連結是最緊密的。

但那並不意味著你們始終會聚焦在與我們最接近之處，而且當你們最關注的焦點在其他地方時，我們在基因上就不會離你們那麼近。

傑佛森｜原來如此。在那種情況下，會是什麼樣的社會呢？

艾叔華｜那些社會，包括另外那兩種，我們這次都不會提到。將來會再找時間與你們分享。甚至可能會有一些共同交融的通靈時段，允許他們之一或兩者與你們互動，但時間不是現在。他們是非常引人向上的種族。他們是以多種方式與你們的世界互動的重要提升力道。

傑佛森｜好的。我期待那一天，屆時，那樣的交融會發生，或許我們可以跟他們談一談。

艾叔華｜是的，謝謝你！

✶✶✶

傑佛森｜關於身體結構，我有另一個想法。過去我們一向認為，身體的特徵是由基因控制的。今天，我們覺知到基因就像模板，我們可以針對模板做一些更改。你們有沒有指令可以掌控你們的物質結構，可以隨心所欲地更改結構？

艾叔華｜如果你們正在觀察我們，或許從你們的視角看起來，我們確實可以做到。也就是我們可以出現，然後消失。時間可以被改變，而且讓它看起來好像是我們正在改變我們的形相，而這與DNA有關。

只要你們願意，DNA的基因結構內有非常強大的程式正在發送和接收信息，通常最關鍵的是接收它們在生物學形式上有所連結的人所發送的信息。我們所在的頻率，使我們可以比較有覺知、有意識地與DNA中的這個發送和接收機制連結，因此我們可以與DNA建立更多有覺知且即時的通信鏈接，然後開始向身體發出信息指示，命令身體進入不同的物質表達狀態，然後從你們的視角看，這可能看起來是在改變形相。

在我們的感知裡，當你們選擇更加覺知到「是誰在做出選擇」、「是誰在創造你們全都在經歷的體驗」時，就會有更多這樣的能力供你們和你們的社會取用。隨著愈來愈多的你們體認到「是誰在創造物質表達」，就會有愈來愈多的覺知出現，明白你們是如何做到的，那將會增強你們以多種覺得愉快的方式完成那件事的能力。

所以，我們可以在任何時刻改變我們的身體，以適合我們的方式，以穿戴起來對我們來說時髦的方式。但是，我們不會說自己像變色龍一樣，可以出現在你們的星球上，然後變成一棵樹木，或是變成某種其他的生命表達形式，例如熊或地球人。那不是我們會做的事。對我們來說，輕而易舉的是，要我們在你們面前出現，然後迅速移動到某個在你們視線以外的位置，看起來好像我們消失了，彷彿我們可以做時間旅行。

✷✷✷

傑佛森｜關於這一點，我想明天絕對要再多談談。我們就快要來到今天愉快相會的最後時刻了，在我們道別之前，我有一些想法。

艾叔華｜好，分享一下吧！

傑佛森｜你之前說過，來自你們文明的某些存有，已經與我們文明的存有互動了，而且你們已經不為人知地走在我們中間了，對嗎？

艾叔華｜有時候會遇到一些那樣的事。

傑佛森｜一個來自我們文明的人意外地當面遇見你們，會對那個人產生什麼影響嗎？會不會有任何的副作用？

艾叔華｜在你的定義中，副作用是什麼意思？

傑佛森｜副作用是指，由於頻率欠缺和諧，這樣的遇見可能會造成不良的後果。

艾叔華｜有些人可能會有所謂的副作用，但是如果他們正確地理解，那些作用不會是有害的。當那些作用被理解了，他們在互動期間取得的有價值信息，就會被憶起。因為你們世界裡有許多人往往緊緊抓住恐懼的模式或頻率，所以有時候會在地球上帶著某段記憶醒來，而在那記憶中，他們緊抓著與我們當中的某一人或其他外星人相遇時所造成的恐懼模式。於是，那個恐懼模式將會暫時成為他們所理解的，與外星人互動的唯一途徑。然而，如果他們參透那份恐懼，理解並放下，就會容許那些他們擁有的寶貴經驗，那些比較振奮提升且他們確實擁有的經驗，開始找到方法去進入他們的覺知中。然後，他們將會憶起，他們與我們的相遇實際上是非常充實豐富的。每個人可能如何與我們互動，事先不見得總是那麼清楚的。在任何類型的實質接觸達成之前，我們會找出幾個因素，以決定某次的相遇是否恰當。對於任何的相遇，大致的概念是，對我們整體和對那個人來說，它一定會是振奮提升的。在經歷過那次接觸後，他們在地球上每天都會有權選擇……他們將會有權選擇如何回憶起那段經驗。起初，恐懼往往是滲透過來的一種模式，因為如同我們說過的，那是一個十分常見且人類緊緊抓住的管道，彷彿它是一條毯子，讓人有安適感，因為那奠基於人類當前的信念系統。再說一次，他們對那份恐懼有種熟悉感，也感到安適，所以他們緊緊抓住那份恐懼，彷彿那是一條為他們帶來安適感的毯子。當他們領悟到，這份恐懼根本沒有內容，無法真正傷害他們時，他們就會選擇跨步穿越，於是「恐懼的氣泡」破裂了，就某種意義而言，他們就自由了，可以開始契入那次經歷、那次接觸、那次相遇的寶藏。

我們還要補充說明，地球上有許多人接觸過我們，而且沒有出現真正的恐懼。對這些人來說，通常這段記憶浮上覺知時，並不會讓他們想到那次相遇是一場惡夢。對他們來說，反而像是那件事真正發生了。在某種意義上，就好像某個時刻，他們正在吃午餐，然後他們知道的下一件事情是，他們正在跟外星人說話。他們沒有被初次的接觸嚇到，所以隔天能夠在他們的心靈架構中回憶起那次相遇。

我們確實有某些能力，可以事先量測一個人會如何處理某次接觸，以及他們對任何相遇會記得多少。然而，與他們最終如何選擇憶起曾經有過的那次接觸相較，這個量測並非總是百分之百的精確。

如同我們說過的，任何副作用真的只是一顆「氣泡」，而會出現的副作用是，他們會有一段嚇人的記憶。這樣的恐懼不過是像一顆氣泡，並不會真正傷害他們。從更高的層次看，是他們選擇經歷那次相遇、然後回來、感覺到恐懼。關於擁有感覺到恐懼的經驗，那是他們比較想要擁有的選擇；基於他們個人的理由，基於他們個人的體驗，那樣的記憶是他們想要在回來後首先品嚐的。他們原本可以輕而易舉地選擇不要被嚇到。他們原本可以先穿越那顆氣泡，再回到擁有某次相遇的記憶中，然後就像我們說過的，那會是他們經驗中的某件事，昨天吃午餐時剛好發生在他們身上，對他們來說，完全沒有恐懼。

所以，那些確實感到恐懼的人選擇了擁有那段恐懼的經驗，選擇了憶起那次接觸一直是嚇人的。這只是他們做出的一個選擇，選擇了要創造的副作用。這類的接觸所帶來的副作用，並不是我們始終能夠事先完全預測到的。我們總是理解到，是他們的選擇讓他們回來憶起的相遇記憶，會是嚇唬他們的記憶，還是令他們愉快的記憶。

你懂得那個概念嗎？

傑佛森　懂。所以情況並不像是接觸到你們的能量，會造成人類進入精神病休克（psychotic shock）？

艾叔華 那些相遇的發生不會來自我們的世界。我們能夠事先看見那一類型的回應，因此不會選擇與那樣的人相遇。

傑佛森 原來如此。

艾叔華 但這並不是說，外星社會遇到那樣的情況都會停下來。他們可能會決定還是要繼續前進，完成那次相遇，但是只有當那個人類在自己的更高意識層面，選擇與那個社會一起向前邁進時，相遇才會發生。

***

傑佛森 在前一次與你的對話中，我問過你，我自己和負責通靈的肖恩，是否曾經在某個前世遇見過你，而且計畫要在今生一起寫書。你說是的，曾經有過某種相會。你可以談談我們以前在哪裡遇見你嗎？

艾叔華 你之前有一世叫做詹姆斯（James），是物質形相的詹姆斯。當時你們有過某種互動，不是親兄弟那樣，而是一種兄弟情誼以及一種相互尊重，尊重發生在當時的迥異教誨，和涉及某種戰鬥的不同文化，以及彼此相互滋養的文化。那是一個非常多樣化的混合物，有支持，也有殺氣騰騰的衝突。但是，你們兩人在那一生中絕對是相互扶持的。這樣的回答為你提供了更多與這個問題有關的信息嗎？

傑佛森 是的。所以我是詹姆斯，而肖恩是猶太教的愛色尼派教徒（Essene）嗎？

艾叔華

那一生中的某些事是重疊的，包括愛色尼派的教誨、兄弟情誼、姊妹情誼、與那個社群一起生活好幾個月、與那個社群分享，諸如此類的。但並不是出生在那個艾賽尼社區。

傑佛森

所以那是回溯到大約兩千年前，肖恩和我與你有過某種的相遇嗎？

艾叔華

有一種非常遙遠的溝通，發生了非常少量、微妙的溝通頻率。然後，這個概念的更強力連結是多層次的。你最近提出的問題打開了一扇門，所以現在我們可以在回答中新增更多與這個問題的多層性質相關聯的信息。在目前這一生，現在那個頻率已經被重新點燃，被重新連結到一股更強大的能量，使你能夠充分引起我的注意，於是可以在這份和諧中、在這種溝通裡，支持我們的一切頻率同時共存。因此，兩千年前所說的，可以被看作是為現在的相遇鋪路。但是，那樣的回答只是那個多層問題的一部分答案。

傑佛森

真可愛，太棒了。實在是好極了，謝謝你！如果可能的話，我們該如何在地球上實際與你們會面呢？

艾叔華

時機很快就會到來，參照你們的時間和空間，以十年為計算單位。可能短至十年到二十年，那可能看似比你們希望的時間長，但是也可能比你們預期的快。有許多因素涉及其中。在那件事成為現實之前，有許多「步驟要持續下去」。重點不是要那麼聚焦在那件事上，把它當作目標，而是要跟隨你們的心，在每時每刻盡你們所能地置身在為你們帶來最大喜樂的空間之中，那將會容許那個相遇的體驗在十年或二十年裡的某個時間發生。

傑佛森｜所以，我指的是你跟肖恩和我會面，不是與全人類公開接觸。那也是你說的時間嗎？

艾叔華｜是的。

傑佛森｜好的。艾叔華，今天跟你互動很愉快。在某種意義上，我們全都成為我們正在參與的這些互動。

我非常感謝你！

艾叔華｜謝謝你！真是太高興了！今天以這種方式與你們互動、分享、溝通，實在是非常奇妙的時光！我們的社會和你們的社會，有許多美好時光可以一起共享。就好像兩個人可以聚在一起創造新的體驗、新的夥伴關係、新的聯繫，也創造構想，發現以前從來沒有想像過的全新體驗領域，我們的社會和你們的社會也能以這樣的方式相聚在一起，共同創造新的體驗，一起分享新的內容。

我們感謝你們願意以這樣的方式與我們分享。那是帶著莫大的喜樂，而且我們承認你們的意願和能量，也為此深表感謝！我們期待下一次這樣一起漫步的時光，在這樣的關係中共同創造。祝你們好運喔！

傑佛森｜謝謝你，祝你好運！

Chapter 04

感性的心靈感應交流

我們也以心靈感應溝通，
而且在心靈感應溝通的過程中，
有大量的感覺可以藉由感官來傳遞，
在某種意義上，
那可以與生物學上的皮膚接觸，
並產生一種刺痛感。
它可以在生理上為我們創造一種情色感。

——艾叔華

艾叔華 我們總是在這些交融的時刻與你們同在，實在是很奇妙的機會，可以分享、可以互動、可以體驗新的「存在」領域、新的世界、新的地方，那對你們以及這次互動中在場的每個人來說，都是歡喜的！在你們時間的今天，你好嗎？

傑佛森 很好！非常感謝你！很開心再次與你交談！

艾叔華 是的，我們也很高興再次與你們交談！在你們時間的今天的這次互動裡，你們想要朝哪個方向前進呢？

傑佛森 艾叔華，我想要先請問你，在你們的星球上，成年人是否跟小孩子一樣愛玩，還是他們必須與「重要的事務」連結？

艾叔華 在我們的互動中有莫大的玩樂感！即使是在我們遇到和參與的活動，必須著重在其功能及正確完成上的時候。關於所有類型的參與和貢獻，都有莫大的玩樂感、自由感、靈活感、合作感、自在感和接受感。我們其實沒有沉重感、嚴肅感，即使在我們全都非常專注於以謹慎和細心的方式完成某項特定任務時。

✶✶✶

傑佛森——原來如此。你們跟父母相像嗎？

艾叔華——相像的程度就跟你們的世界一樣，是相像的啊！

✱✱✱

傑佛森——原來如此。你們會穿衣服嗎？

艾叔華——因應某些類型的旅行，我們有時候的確會穿一些東西，它們會擋掉更高、更強大的頻率，因為我們在到達那些對我們的結構、外部皮膚元素來說有些挑戰性的特定地點時，可能無法完全適應那種頻率。但是在日常互動中，我們通常不需要像你們的社會那樣有那種衣服。如果我們打算與某群在日常生活的某個特定狀態裡有穿衣服的存有互動，我們可以入境隨俗，在那樣的場合穿上衣服。

傑佛森——所以你們光著身子在你們的星球上漫步嗎？

艾叔華——在某種程度上的確是有那種感覺，不過我們體驗這件事的方式，與你們社會中的一般人不太一樣。你們認為必須去到某些特定場所，才可以在那裡光著身子，或是只能在自己的私人住家裡裸體。我們天生就是這個樣子，而且了解那是我們天生的存在狀態，那對我們來說是非常熟悉的經驗和表達，在我們家庭生活的所有層面都是被接受的，包括公開場合及私下聚會。

傑佛森——我們穿衣服不只是因為有些人可能覺得光著身子被人看見，感覺起來不舒服，這也是我們為自己保持溫暖和清潔的一種方法。

艾叔華

很好啊。如果你們很享受，就繼續下去，包括整個社會和個人。你們有一些非常賞心悅目的服飾、服裝設計和色彩，我們很喜歡在我們的互動中觀察這些。

傑佛森

但是沒有軟毛覆蓋整個身體，你們不會覺得冷嗎？我們沒有像熊一樣的軟毛。我們的皮膚就是皮膚。

艾叔華

我們能夠在身體周圍發出特定的頻率，就像恆溫器一樣，讓我們可以維持特定的環境和感官體驗，幫助保持對我們來說舒適的溫度和環境狀態。即使是在環境溫度可能變熱或變冷的時刻，就像你們在你們的世界裡體驗到的那樣，我們的生物機體周圍的這個能量圈，也能夠維持特定的溫度變化率。那使得我們在任何特定時刻，無論在什麼地方，都可以保持比較不受環境變化的影響。

✷✷✷

傑佛森

真有意思耶！艾叔華，我們來看一下另一個概念。地球人的嘴唇被許多人視為性感和性慾的象徵，因為雙唇會喚起情慾和非常敏感的特質。沒有嘴唇會很麻煩，尤其是我們那些熱愛親吻的人。嘴唇在你們的生物機體中如何運作呢？你們有我們所理解的嘴唇嗎？

艾叔華

我們有一張嘴巴，能夠交談和進行物質身體的溝通。我們也以心靈感應溝通，而且在心靈感應溝通的過程中，有大量的感覺可以藉由感官來傳遞，在某種意義上，那可以與生物學上的皮膚接觸，並產生一種刺痛感。它可以在生理上為我們創造一種情色感。

所以在我們的世界裡，有方法享受從一個人到另一個人的情色經驗，不需要實際的物質身體接觸，不需要在你們社會裡非常盛行的嘴唇對嘴唇實際接觸。

傑佛森｜原來如此。那麼你們有嘴唇，還是只有嘴巴？

艾叔華｜我們在嘴巴開口的周圍，確實有一片比較敏感的薄膜，但是在這張嘴巴周圍，通常沒有大型球狀突起，也就是你們許多人所說的嘴唇。

傑佛森｜噢。

艾叔華｜你可以在我們的生理機能上，看見一個可以視為嘴唇的區域，但它不是圓圓的，不是豐滿的，不是比臉部突出的。我們通常不會以你們在你們世界裡的那種接觸形式利用它，而是有其他互動方式，如同我們之前提過的，心靈感應就是其中一種。物質身體的擁抱是我們有時會做的事，但有其他更能讓我們產生共鳴的親密分享和體驗形式，就跟你們在你們的社會和世界裡擁有的那些體驗一樣好。我們的形式就是我們如何成長，以及我們的生物機體如何支持從一個人到另一個人的那種擁抱和情色分享。

傑佛森｜好的。你們有跟我們一樣的鼻子嗎？還是你們的鼻子比較像海豚或地球上為了適應水中生活的其他高智商哺乳類動物？

艾叔華 我們的呼吸器官或鼻部嗅覺區，有點類似於你們社會的這個部分，類似於你們人類的鼻子，但不是那麼大。我們的氧氣攝入量也少於你們的世界和人類生物機體的氧氣攝入量。所以我們不太需要很大的開口。還有其他涉及的因素，長久以來造成我們擁有比較小的鼻子。不過，你們世界裡有些人的鼻子大小跟我們有點相似。

✷✷✷

傑佛森 地球上的動物是否會充當外星人或是那些設計製造牠們的什麼人的鏈接工具？

艾叔華 你們世界裡的人們做了一個選擇，要探索分離和局限的概念，要擁有虛幻的經驗，體驗到除了在你們的星球上，沒有任何有智能的生命。因此，雖然夜空中可能有亮光升起，可能有星星，可能有太陽，可能有月亮和其他行星，但是在這個地球上的概念之一，一直是體驗完全獨處的感覺，以及在「你的宇宙」中以智慧生命形式的角度，體驗成為一切萬有的感覺。

傑佛森 好的。

艾叔華 在探索分離和局限的那個選擇當中，最有趣的組件之一是，將極其大量的生命形式帶進地球這個世界裡，這些生命形式可以與你們共存，在某種意義上，提供一個你們看不見的錨，使你們在某種程度上不斷與實際本質保持聯繫。地球上的不同生命形式承載並傳達了許多種類的意識，其中有些可以被認為是來自地球以外的。你們的星球上有許許多多的生命形式，而且有許多是只要你們與其互動，就可以提供一種與自己實際本質的連結給你們。那樣的互動可能像是一種催化劑，使你們重新連結到更多的內在了悟，明白你們在「你的宇宙」裡並不孤單。

當你們與這顆星球上的動物和植物，以及其他有機體和生命物質交流或互動時，儘管許多人可能沒有覺察到這種情況正在發生，但是當你們與大自然和動物互動時，那個片刻就在你們之內重新點燃了更加遼闊浩瀚的本質，因為許許多多那樣的生命形式都攜帶著更遼闊浩瀚的存在頻率。這樣的感應之一，可以被你感覺成一種比較平和的感受，這也可以說明為什麼許多人在大自然中覺得比較平和，包括在樹林裡散步，或是在戶外的湖泊或河川或海洋裡游泳。在這些地方，許多有意識的存有會在那樣的時刻裡，重新點燃一個人的連結，並且重新喚醒他們，儘管這個人可能沒有覺察到這件事正在發生。他們可能只覺知到自己覺得比較平和、比較安心、比較自在。他們正是在這些互動中，與其他生命形式交流，其中有許多並不是生活在地球上，有些來自外星。這讓人們能夠擁有一些睿智且與自己的實際本質更和諧同調的經驗及頻率。

有這些生命形式在這裡陪伴你們的概念，是在集體上被接受的，然後被整合到這個世界裡、這個「舞臺」上，因此，這些生命形式可以提供一種與外星人和其他有意識的生命形式重新連結的方式給人類，但同時人類沒有覺察到那樣的重新連結正在發生。你們還是可以處在所謂的「黑暗」之中，但是不會有完全迷失在絕望或拚命或無望的狀態，而失去了日復一日地向前邁進的能力。於是你們的內在有能力前去造訪大自然，並與這些動物和生命形式連結，那是一股隱藏但非常強健的能量來源，對於仍舊選擇帶著他們在「你的宇宙」裡是孑然一身的理念和體驗生活的人類來說，可以重新激發他們的毅力。

✶✶✶

傑佛森　好的！感謝你分享這些！現在我想要問一個截然不同的問題。在你們的星球上有運動嗎？

艾叔華　我們沒有競爭類型的運動，沒有一方勝過另一方的觀念。我們確實在你們的世界裡看到了競爭的價值，因為那是互動中常見的做法。我們還有其他可以被視為遊戲的活動，但是這些活動並不是在看誰能領先、誰能勝出、誰能贏。這些活動比較是在每個人的內在引出比較浩瀚的狀態，包括個人的喜樂和玩心本質。那是我們遊戲的方式，而遊戲是為了在彼此之間創造比較浩瀚、覺知到玩心的狀態。

傑佛森　你最喜歡哪一種遊戲呢？

艾叔華　我喜歡玩捉迷藏啊！

傑佛森　（被逗得哈哈大笑。）請多跟我分享一下在雅耶奧星球上如何表達藝術？你們彈奏樂器嗎？你能說出偏愛的某一種樂器嗎？

艾叔華

我們有音樂，是的。我們有專門唱音符的人，我們有從樂器發出來的聲音，也有心靈感應的聲音。我們有一些發出特定聲音的生命形式，而且我們發現，當我們將它們與某些其他生命形式一起放在我們的星球上時，它們就會開始改變它們發出的音符和聲音。那是非常和諧的，可以是一種旋律，彷彿它們正在演奏樂器，卻只是它們發出來的聲音。有點像是你們星球上喵喵叫的貓咪。這些生命形式發出的是具有音樂特性的聲音。

有些編曲家會將這些不同的生命形式安排在一起，然後它們會發出沒有歌詞的不同歌曲。這些比較像是「聲音景觀」（soundscape）。以那樣的方式創造出一支「生命形式演奏者樂團」。那是我最愛參加的一種聲音演奏會。有時候，我自己也擔任聲音編排者，以同樣的方式運用這些生命形式來演出音樂作品。

我們有各式各樣的藝術形式。有些藝術形式類似於帆布油畫，人們將顏料放到畫布上的圖像中，創造出一幅畫。還有我們製作的雕塑圖像，搭配了在你們的世界上還沒有被納入的光影形式，帶出完全由光構成的雕塑圖像。這些雕塑圖像不用黏土，而是用光，具有全像式（hologrphic）特質，有時候甚至開始與環境互動，以雕塑家沒有覺察到會發生的方式來變化。就這樣，雕塑家允許這件光的創作品透過與所在環境的自然互動，頑皮地改變自己的形相。光是坐下來觀賞這類雕塑，看見在特定的某一天，雕塑如何因光線隨著時間的推移而改變形狀，就是相當愉快的。所以這些是關於我們的藝術和音樂的幾個概念。

＊＊＊

傑佛森 你剛才提到貓咪。你們有寵物嗎？

艾叔華 我們沒有寵物。我們確實有一些很像寵物的活生物，以及具有生理機能的生命形式，但是牠們完全可以好好照顧自己。

傑佛森 啊，原來如此。

艾叔華 牠們可以來來去去，隨心所欲，找到需要的食物，與其他家庭互動。牠們通常不是被固定養在住家、房子或泥磚砌成的屋子裡。有些這樣的生物能夠非常清晰而簡潔地與我們溝通，有些則是比較稀有罕見，而我們目前還無法像我現在跟你溝通這樣，清楚地與牠們交流。

傑佛森 好可愛喔。

艾叔華 我們與這些生命形式溝通的方式，可能比較類似於我們感應到的，你們多數人如何與寵物交流的方式，那是有感情的。我們有許多方法可以建立關係和溝通交流，但是與某些這樣的生命形式溝通，並不是像你和我現在溝通這樣簡單、清楚、簡潔、口頭講講即可。

傑佛森 你最喜歡哪一種呢？

艾叔華 就那方面而言，我自己並沒有最愛，而是喜歡其中幾種，包括最常到處滾來滾去的那一種。牠是非常龐大的動物，大小大約是五公里。

傑佛森 （驚訝地大笑。）什麼？

艾叔華 牠很圓，也很輕，能夠飄離地面，飄浮到大約十五英尺（約四・五公尺）的高度，而且在飄浮大約一分鐘之後，通常會下降回到地面上。當牠那麼做的時候，我可以到牠的下方，搔牠的癢。牠具有非常柔軟的組織，在接觸到我們的手指頭時，還會改變顏色，而且牠似乎享受那樣的接觸。我們與這種生物並沒有真正清楚的溝通，不像我跟你這樣，有一種我們雙方能夠共享的語言，但牠是我們有歷史紀錄以來，便一直活在我們星球上的生命形式，而且那樣的關係一直是相互滋養的。那是我最喜愛的一種。

在特定的某一天，當我們沿著水道旅行時，我們星球上有另一種生命形式會跟隨著我們。這東西很像魚，但是不像你們星球上的魚有鱗片。牠能夠非常快速地在水中移動，身形大小幾乎跟你們的小貓一樣。牠幾乎呈圓盤形，在頂部和兩側，以及底部和背面，有幾處鰭狀突起。牠的前方有兩隻眼睛，前方還有一張像鰓一樣的嘴巴，可以進食。牠能夠穿越水而飛行，但是從來沒有表現出能否向上移動到水面上方的空氣中。牠不像你們世界的海豚那樣躍出水面。牠有時候會沿著水面漂浮，但是當牠跟隨我們的時候，通常是在水面以下一英尺半到兩英尺（約四十五公分到六十公分）。牠會造成非常大的水流，水流會上升到水面並產生氣泡，留下非常大的氣泡狀痕跡。那是我們認出牠在場且正在跟隨我們的方式之一。牠們是快活熱情的朋友。

艾叔華

｜傑佛森｜你說牠跟隨你們。如果牠是水中生物，那是否意味著你們在水上漫步？

艾叔華

不是。我們有時候沿著水道前行，牠就在我們的步道旁邊的水中。有時候我們可以雙腳浸泡在水面以下，然後踏著水道底部前行。

＊＊＊

｜傑佛森｜在你們的星球上，你們如何吸引某人跟你們約會呢？譬如說，你們送鮮花給對方嗎？還是傳送簡訊給對方呢？你們邀請對方共進晚餐嗎？你們是否邀請對方共乘太空船來一趟星際旅行呢？你們是怎麼做這件事的？

艾叔華

講到太空船，我們每個人都可以自由移動。我們只要在內在自由地互動，就可以在太空中乘船四處遊蕩。送花是我們樂於在你們的世界中觀察到的事，我們不做那樣的事。

如果我們有想要與遇見的某人更親密地分享的渴望，那麼在遇見對方時，我們對那樣的渴望就會有一種天生的理解和體認。只要一體認到自己想要更親密地與對方分享的渴望，它就會發生。沒有人會說：「我對他們有吸引力，但是不知道那個人喜不喜歡我。」這類型的納悶、質疑是不會發生的。我們知道那感覺就在我們的內在，因為那是互相的。所以很容易在這類邂逅發生時，雙方都理解到這個時刻是一個以更親密的方式相聚在一起的機會，但雙方在這次遇見之初不見得都會覺察到原因。但是他們知道，必定有某個原因才會有這次的遇見，才有這份他們因相聚而感受到的深度增加感，否則他們一開始就不會有那樣的感官覺受。於是他們公開互動，而且知道，無論遇見的原因是什麼，一定會在共同的旅程中，以雙方都樂在其中的方式向他們展示，而這可能具有教育性、持久且豐富的意義。

傑佛森 我想知道你是否曾經跟什麼人約會過？

艾叔華 我曾經與你所認定的女性發生過互動，但那並不像是一次預先設定的約會。它通常發生得自然而然、渾然天成。有時候，在那樣的相遇實際發生之前，我已經事先知道了。這就像是對未來的相遇有一種直覺。我可能會覺察到我將會遇見一位與男女結合有關的人，但是我們通常不會在相遇發生之前事先覺察到。通常在面對同步發生、渾然天成、自然而然的邂逅時，我們會順勢而為。只要繼續在一起對我們倆都具有重大的價值，讓我們相聚在一起的能量就會持續不斷。就那方面而言，它不可能是終生的連繫、終生的配對。終生在一起的情況有時候還是會發生，但是不像你們的世界那麼頻繁。

✶✶✶

傑佛森 談到年齡，兒童、青少年、成年人之間，是否有什麼區別？

艾叔華　本質上是有一個嬰幼兒階段，然後是雅耶奧人，也就是完全有能力且充分準備好成為雅耶奧人，可以好好表達，可以在必要的時候支持自己的人生。嬰幼兒通常需要父母以你們可以理解的方式照顧他們，例如，提供庇護所、食物、指導、連結到他們的道路。根據我們的經驗，嬰幼兒通常在兩歲半到三歲之間成為你們認定的成人。不會出現青少年叛逆或尷尬的成長年紀。那樣的過渡變遷發生得相當快，就像你之前說過的，那是畢業的概念。

傑佛森　是，那是怎麼一回事呢？

艾叔華　嬰幼兒的能量在大約兩歲半到三歲的時候，會展現出一道特別的光，一種特別的意識，那個意識將會從他們的生物機體向外延伸，擴展到相當的高度，使我們在場的許多人都會體認到，也十分讚賞。我們了解那是一次從嬰幼兒變成成年的雅耶奧人的畢業。在那之後，我們將會開始體驗到，那個人，那個存有，在對他們來說必要的所有模式中，都有能力自給自足，可以繼續自己的人生道路，可以找到他們最樂於選擇活出的任何方式。

＊＊＊

傑佛森　好的，原來如此。在我們的社會中有婚姻制度。你們有接近婚姻的東西嗎？

艾叔華　那不是制度的性質。體認到自己的道路的能力，對我們來說是非常顯而易見的。那是一股偉大的散發，一種生命喜悅的歡樂，是非常具有引導性質的智能潛力。所以在某種意義上，我們始終跟隨那股潛力。因為我們在那股能量之中，所以我們知道，唯有相互感應到與伴侶結合是自己最渴望的、最恰當的、最愉悅的時候，我們才會那麼做。

就那方面而言，絕不會有一方被遺漏、拒絕或拋棄。關係持續的時間長度，始終是由某種看不見的品質決定的，那個品質會向兩造雙方自行揭示，藉由雙方是否仍感應到正在做的事就是他們的最大喜樂。當關係結束時，雙方都會體認到，在一起不再是他們的最大喜樂。那將是顯而易見的，不會是不清不楚的東西，不會是他們必須質疑或請他人輔導諮詢的東西。它將來是，現在也是，非常清楚明確。那是被理解的，被接受的。它是內在欣喜的，知道我們能夠在關係中互動和參與，那麼輕易地、明確地、相互地接受那個過程。所以也沒有離婚，沒有爭執。

✸✸✸

傑佛森 你們有專業嗎？舉例來說，有些人是飛行員，有些人是廚師，有些人是執行長，有些人是科學家。在這種情況下，你的專業是什麼呢？

艾叔華 我是探險家、發現者、旅行家兼翻譯員。

傑佛森 噢，是啊，的確是，你之前提過。你今天可以多談談這一點嗎？

艾叔華 我主要是在兩種不一定能夠相互理解的生命形式之間翻譯語言。那時我會成為第三方，學習雙方的語言，然後充當翻譯員，讓他們能夠溝通。

傑佛森 他們會為你的付出支付酬勞嗎？對了，你們的星球上沒有貨幣系統……你們如何因為自己的專業而獲得獎勵呢？

艾叔華 有機會表達的這件事，為我帶來最大的喜樂，而且那正是我生來所要分享的！

傑佛森 這很有道理，是啊，非常有道理啊！所以你執行哪種類型的日常任務呢？

艾叔華 我沒有所謂每天要執行的任務。變動很大。從一天到下一天，我沒有同樣的任務要一遍又一遍地忙著。有一些我每天執行的類似職務，例如，觀察我在哪裡、正在體驗什麼、正在感應什麼，然後調頻進入對我來說親身體驗、成為其中一部分是最為歡樂的想法和機會。那種類型的調頻進入，將會因引力作用而將我置於那些機會之中，於是在某種意義上，我可以朝那個方向邁進，讓那些最愉悅的體驗顯化在我的物質世界裡。

那或許可以被認為是一項任務，調頻進入我的自我覺知、我的潛力，以及我最愛做的事、最大的喜樂是什麼。我這麼做的目的，是與我的本質校正對準，如果你想要的話，也可以說這是我經常執行的活動或任務。

✶✶✶

傑佛森——好的。你所在的地方看起來像什麼？

艾叔華——現在嗎？

傑佛森——是的！

艾叔華——現在這個時刻，我觀察著眼前遼闊的風景，它綿延好幾英里。四面八方都有五彩繽紛的花朵，矗立在地面上方大約一英尺（約三十公分）到一公尺處。花朵在微風中搖曳，欣欣向榮，因為上方有散發著溫暖感覺的太陽光照耀著。我聽見一個聲音，來自我右邊的一條河，它跟你們世界的河流有點不一樣。它有一種非常快活的特性，比較輕快活潑。那是我現在坐著的地方的風景。我正在吸收它、體驗它。在某種意義上，這提供一種能力，擴大了我與通靈管道的連結，然後我才能夠進行這樣的溝通交流，而且我正在翻譯。我做著我愛做的事，我生來就是要做的事！左邊不遠處有幾隻鳥在花卉上方的空中飛舞。牠們經常停在花朵上休息，而且牠們在某種程度上能在我們的互動中分享。還有其他人在場，但是我現在不會一一介紹。他們只是成為這個溝通交流的一部分，就像我一樣，參與這個第三實相，以這種方式體驗你們的世界，也體驗我們的世界如何以這種方式與你們的世界溝通。他們透過這個過程學習，彷彿這是一門互動課。他們在我左邊不遠處，有點偏後方。還有其他人並不是存在於我目前所在的這個維度，他們在某種意義上是從另外某個不同的位置進行網路連線。我這麼說，有回答你的問題了嗎？

✱✱✱

【傑佛森】哦，完全回答了！而且這提醒我要詢問另一個問題。你可以告訴我關於宇宙聯盟（Association of Worlds）或星際聯盟（Interstellar Alliance）的信息嗎？

【艾叔華】我們和宇宙聯盟有聯繫。那是由人們和外星種族選擇是否成為其中的一員。他們可以愛加入就加入，愛離開就離開。它提供一個機會，讓一個種族與另一個種族、一個世界與另一個世界分享經驗。

就那方面而言，它是非常充實豐富、非常奇妙的資源，可以了解其他生命形式、其他種族、其他外星人、其他存有。然後在那個選擇分享的過程中，我們確實有各式各樣的準則，讓大家可以在「類似的頁面」、類似的頻率上溝通交流。

✱✱✱

【傑佛森】原來如此。我們今天的精彩互動就快要結束了。臨別之前，你有沒有什麼想法想要跟我們分享呢？

【艾叔華】目前，我們感應到這樣的分享正以一種感覺良好的方式，沿著提出的概念和意圖推進。根據我們的感知，還有許多信息要傳遞過來。

【傑佛森】是。

【艾叔華】假以時日，我們一定會更清楚如何與我們在這裡共同創造的物質整體一起運作。

傑佛森：好的。

艾叔華：至於該如何呈現、如何提供及分享理念，跟你們的選擇有關。我們覺得它現在流動得很好、很順暢。我們感謝你們參與這個過程，參與這個共同創造，以你們的社會有權取用的方式帶出信息！

傑佛森：超棒的艾叔華！我非常感謝你！現在，關於我之前跟你談過的一個主題，是關於找出更多與地球人類非常相似的那些存有的信息。你說你可能可以與那兩個種族進行一次共同交融的溝通。你認為什麼時候做那件事最恰當呢？

艾叔華：謝謝你。你要領悟到事情會自然而然地發生。

傑佛森：好的，酷喔！

艾叔華：感謝你提出這個問題，也感謝你一直惦記著那件事。

傑佛森：太好了。

艾叔華：會有一或兩個片刻，你發現自己問了一或兩個特定的問題，然後那將會成為催化劑，打開大門，讓那樣的溝通交流可以發生或自行呈現，也讓那些存有可以到來。所以，那個催化劑可能是你認為要詢問的問題，而且在你提問之前，可能會感覺到問題的性質有些非比尋常。如果事情確實發生了，那個催化劑一定會在場，讓你在那個時刻好好體驗。

傑佛森：太好了。所以基本上只要順勢而為嗎？

艾叔華｜不但如此，還要執行你感到最振奮提升的事！

｜傑佛森｜我之所以擔心，是因為我以為我們必須先跟他們做出某種類型的預約，而且是由你出面，也可能是由他們出面，這樣事情才能夠更快發生？

艾叔華｜是的。我們說過，那些存有在場。某些其他存有也忙著參與，可能就像觀眾一樣，在旁邊觀看，但是在這個過程中，他們是非常積極的。這次互動時，他們就在現場。

｜傑佛森｜原來如此。

艾叔華｜當那個時刻自行呈現時，他們就會站出來，你將會以某些非常有趣的方式認出他們。這並不是說你會親眼看見他們，而是你一定會認出某些不同的存有正在跟你溝通。

｜傑佛森｜好！非常好。非常感謝你今天的蒞臨。又是一次十分精彩的互動！

艾叔華｜謝謝你！我們總是很高興可以在這方面與你們分享和互動！我們期待日後能夠以這樣的方式與你們分享的那些時光。親愛的，祝你們滿滿的喜樂，滿滿的愛，擁有美好的一天喔！

｜傑佛森｜祝你好運！感謝你！再見。

Chapter 05

拆除巴巴咿呀高塔

在你之內，在所有人類之內，
在一切萬有之內，都存有這層理解。
就好像它是一把鑰匙，
可以解開任何「巴巴咿呀高塔」的門鎖，
將它夷為平地，
那麼輕易地、不費勁地，
不費吹灰之力。
當這種事發生時，
你們就再也不會覺得你們世界上
所說的種種語言是不一樣的。

——艾叔華

2009
8/13

艾叔華 我要說，今天下午，你們一切美好，因為你們創造了這段可以在其中玩耍的下午體驗！你好嗎？

傑佛森 很開心再次與你交談！歡迎回到地球來！

艾叔華 謝謝你！我們總是很高興可以與你們分享，也可以靠這種形式在這個第三實相裡互動，讓我們雙方可以一起創造，從而探索「存在」的無限領域，將我們發現的「愉快而有意義的東西」放進這個體驗的時刻裡，或許會產生一些信息，而那是其他人將發現對他們來說同樣具有教育意義、充實豐富、具滋養作用的信息。我們共同擁有你們時間的今天這個時刻。你想要如何以及用什麼方式，一起探索屬於我們的這一個小時的時光呢？

傑佛森 我們談談你吧！

艾叔華 你說，談談我，哦，很好。除非你有一整天，否則實在沒有什麼好說的！

傑佛森 行啊！你在之前某次通靈傳訊中說過，你的毛髮是由沿著身體皮膚的細小毛囊構成的。

艾叔華 是啊！

傑佛森——你們毛髮的位置是否跟地球人類相似？我們的毛髮通常集中在頭部、骨盆區和腋下，以及散布在全身的皮膚上，還是你們的毛髮比較像我們世界裡的貓咪，有覆蓋全身皮膚的軟毛？

艾叔華——我們全身大部分的皮膚結構、生理機能的外部，也就是所謂的皮膚，都有非常非常細小的毛囊，包括沿著頭皮區。

傑佛森——原來如此。

艾叔華——在頭上，毛囊往往比其他區域更厚、更長，通常長度至少四分之一英寸（約〇・六公分）。我們某些人的眼睛附近幾乎是沒有毛髮的，你必須靠得很近，才能看見有些「細小的」毛囊「森林區」在頭頂上晃動。

傑佛森——原來如此。你們頭上的毛髮跟地球上的人類一樣嗎？是不是從脖子後方繞到耳朵上方，然後向上繞過整個額頭呢？

艾叔華——是的，跟你說的髮際線有些類似。但並非大家都是那個樣子。有些人的髮量很少，你們可能會認為他們的髮際線向後移，從前額沿著頭頂向後幾英寸的這個區域，幾乎沒有毛囊。

傑佛森——你的頭上是什麼樣子的呢？

艾叔華——我有一些很短的頭髮，現在幾乎是不到四分之一英寸（約〇・六公分）。很細，看得見。我想你們世界裡的某些人可能會說它像絨毛。它具有像桃子絨毛一樣的毛囊特性或質地。

傑佛森——好的，那你的頭髮是什麼顏色呢？

艾叔華——燦爛的金髮！

傑佛森——抱歉？你是說燦爛的金髮嗎？

艾叔華——燦爛的金髮！就好像你們世界裡把頭髮染成非常淡的金色的那些人一樣。那種金色看起來很類似在你們太陽的某些閃焰中看見的亮黃色。

傑佛森——好的。你們的眼睛上方的前額區有毛髮嗎？

艾叔華——有一些，但是我的頭部前額區幾乎是沒有毛髮的。有些人的額頭區確實有毛髮，而且一直往下進入眼睛的區域，不過那是很少見的。

傑佛森——你們必須修剪毛髮嗎？

艾叔華——我們不必強制剪髮、刮鬍子、上沙龍做造型、上理髮廳。也就是說，我們的世界上沒有淚眼汪汪的幼兒被迫一定要剪頭髮。

✶✶✶

傑佛森——你們的皮膚是什麼顏色的呢？

艾叔華——有一些天藍色，還有淺灰色帶一點跟你們世界的人類很相似的膚色（flesh tone，編註：原文無特別指明是哪種人種的膚色）。某些雅耶奧人的膚色是粉藍色或很淺的天藍色，其中混入一些膚色和灰色。我們每個人都有膚色的差異，不過那三種顏色組合是你們通常會在我們身上見到的。

在某些雅耶奧人身上，是這三種顏色混合。譬如說，手臂區可能是膚色，軀幹區可能帶藍色，腿部區可能是帶灰色的色調。當一個人的身上像這樣有三種顏色時，這些顏色不會顯示成三種明顯不同的顏色。從一種顏色到另一種顏色之間是漸層式的融合轉變。如果你匆匆地看一眼有三種顏色的雅耶奧人，你不會真正注意到三種顏色。這些顏色融合得很均勻。

傑佛森　你可以再說一遍這三種顏色嗎？

艾叔華　膚色跟你們世界的人類很類似，然後是淺天藍色，以及很淡的灰色。

傑佛森　所以，在你們的身體上，尤其是你，這些顏色看起來如何呢？是混合的嗎？

艾叔華　我有一些天藍色，有一些帶白的淡灰色，而臉部區有一些膚色。

✶✶✶

傑佛森　原來如此，挺美的。你們的臉是刮得乾乾淨淨的呢？還是上唇和下巴有留鬍子？

艾叔華　下巴沒有鬍鬚。上唇沒有鬍子。臉上沒有那麼多的毛。全身都有非常細小的毛囊，包括臉部在內。女性、男性、年幼的孩子都有，它是很細的毛，就像你們世界上許多人臉上的汗毛一樣。

傑佛森——好的。我們的眉毛有許多用途，包括不讓汗水滴入眼睛裡。你們也有眉毛嗎？

艾叔華——我沒有那個東西。沒有。

傑佛森——好的，嗯，也許你們不需要。

艾叔華——我沒有需要出汗的東西。

傑佛森——（大笑。）好的！

艾叔華——我只是在開玩笑啦！我們現在的生物機體功能中，根本沒有那樣的東西，但是有些人確實有眉毛。

✷✷✷

傑佛森——好的。眼睛呢？眼睛是怎麼嵌在你們臉上的？靠近鼻子的那個部分比靠近耳朵的那一端低嗎？還是兩隻眼睛平平地對齊？

艾叔華——靠近鼻子的那一端比較低。

傑佛森——所以眼睛的水平高度不是完全相同的？

艾叔華——總的來說是這樣，但不是每個人都這樣子。我們確實擁有跟你們的世界一樣的遺傳變異。

傑佛森——對我們來說，我們眼睛上下的垂直距離，通常會小於左右的水平距離。你們呢？

艾叔華——垂直距離嗎？

—傑佛森— 是的。我們眼睛的垂直長度小於水平長度。

—艾叔華— 是的。這跟我們很類似，我們的垂直距離比你們的長一點，我們的水平距離也比你們的長一點。我們眼睛的形狀在靠近鼻子的那一端通常比較大，而且那一端的垂直距離也比你們的距離大。在你們有淚腺的那一端，我們的眼睛是比較圓的，或者不是那麼的尖。

—傑佛森— 好的。

—艾叔華— 從鼻子沿臉部的一側直到耳朵的這個範圍來說，我們眼睛的水平距離，大於你們眼睛的水平距離。

—傑佛森— 那一側尖尖的嗎？

—艾叔華— 我們的弧度通常比你們世界的弧度柔和一些。

—傑佛森— 原來如此。我發現人類的眼睛可以有一千多萬種顏色。真是令人興奮啊！

—艾叔華— 你可以為我們把一千多種列舉出來嗎？

—傑佛森— 好的，絕對沒問題！明天好嗎？（大笑。）

—艾叔華— 好的。我們都會在場喔！

—傑佛森— 在上一次通靈傳訊時，你說過，在你們的社會裡，人們的眼睛是相當「吸睛的」。你們的眼睛是什麼顏色呢？你們的眼睛有虹膜以及使我們的眼睛如此美麗的複雜結構嗎？

艾叔華 我們的眼睛上方有一個防護罩，有點像是你們世界裡的隱形眼鏡，它為我們提供的服務有點像是你們戴在眼睛前方的太陽眼鏡。把罩子移除掉，就可以看見我們的眼睛真正的顏色。它的結構和色彩，有點類似你們世界的人類。眼球通常比較大，有點不是那麼圓，不是完美的球形，這並不是說你們的眼睛是完美的球形，而是我們的眼睛比較不是完美的球形性質。顏色很類似。可以說，如果讓我們當中的一個人與你們世界的一個人並排站立，我們的眼睛或許比較有彩虹的性質。

傑佛森 是。

艾叔華 一般說來，那與我們調頻進入的世界的頻率有關。眼睛會與我們調頻進入的世界的頻率共振，然後表現或照耀出某種特定類型的色彩，具有特定的彩虹性質、彩虹層級、彩虹振幅。因為我們位在物質世界中比較高的頻率，不一定智力比較高，而是生理上具有較高的頻率，所以我們的眼睛往往在比較快速的頻率上共振，因此擁有你們會認為比較具有彩虹光輝的色彩。

傑佛森 是。

艾叔華 我們的眼睛往往比較大，瞳孔也比較大，但是當一道明亮的光線進入我們的空間時，我們的瞳孔會變得比較小，有能力聚焦成非常小的一點。

傑佛森 原來如此。

艾叔華 我們沒有從眼瞼伸出的睫毛，那是你們世界裡的普遍現象。我們有一些細小的毛囊在身體其他部分的附近，而眼瞼周圍往往比較密集一些，但是毛囊長度通常與身體其他部分的毛囊相同。

✷✷✷

傑佛森——你能跟我們多談談你們所配戴的，類似太陽眼鏡的這個東西嗎？那是隱形眼鏡嗎？可以拿掉嗎？

艾叔華——可以！

傑佛森——你們為什麼要戴那個東西呢？是不是可以選擇？就像在我們的世界裡，人們可以戴太陽眼鏡，也可以不戴？

艾叔華——對！

傑佛森——原來如此。你們是不是每天戴，就像我們穿衣服一樣，還是它只是花俏的物品呢？

艾叔華——我們通常不會戴著睡覺，在光線不足的區域，我們通常會拿掉。我們造訪過其他沒有那麼多光的世界，那裡不像你們在你們的世界裡體驗到的。那些時候，我們通常不需要那類保護層，就會把它們拿掉。還有在其他場合，我們可能會選擇拿掉，例如，與他人社交互動的時候。我們戴著它們是非常舒服的。它們感覺起來非常正常、非常自然、非常有機、非常好。我們了解你們世界上戴隱形眼鏡的人，有時候可能因為隱形眼鏡而造成發炎及刺痛。

傑佛森 是的。

艾叔華 有時候，你們戴隱形眼鏡的某些人，可能會有少量灰塵或其他碎屑侵入隱形眼鏡和眼睛表面之間，造成刺痛。

傑佛森 是的。你們的保護罩效果如何呢？

艾叔華 我們沒有那種問題。我們有一種特別的能量塗層，根據經驗，它可以排除掉在大部分情況下產生的物質。由於我們配戴著這些塗層，就沒有那種類型的刺痛。

傑佛森 我了解。所以你們不需要，基本上，你們的眼睛裡不會有異物，不需要揉眼睛才能把碎屑清除掉。

艾叔華 那種情況非常罕見。

✶✶✶

傑佛森 讓我確認一下，目前為止，我是否得到了這個信息，你們的眼睛是什麼顏色的呢？

艾叔華 通常具有偏藍的特性，是一種很淺的藍，可以變成中藍色，也可以變成深中藍色。它們是非常清晰的藍，而且具有發光和彩虹的特性。

傑佛森 你們在黑暗中看得見嗎？

艾叔華 看得見，而且有時候，比起不使用任何科技視覺輔助工具的大部分地球人，我們看得更加明確具體。

傑佛森 那是因為你們有科技的幫助，配戴了你們眼睛上方類似太陽眼鏡之類的鏡片嗎？

艾叔華 嗯，我講的是自然的視覺體現，如果我們在你們的世界，夜晚一定能夠看得比較清楚些。我們體驗過「白天」期間天空中似乎沒有太陽存在的行星，他們的夜晚也跟地球上的夜晚大相徑庭。他們有一種在你們的星球上從來沒有經歷過的夜光，在一些那樣的世界裡，我們就算沒有任何的科技視覺輔助，也可以看得非常清楚。

✷✷✷

傑佛森 你們睡覺的時候閉眼睛嗎？

艾叔華 通常我會。

傑佛森 你會？

艾叔華 通常我會。

傑佛森 你需要睡幾個小時呢？

艾叔華 在你們時間的一週裡，我大概有四個小時的睡眠。

傑佛森 （大笑。）謝謝你！

艾叔華 我有一些「微睡眠」，通常一次睡四到五分鐘。如果將一週內的這些時間全部加總起來，就是那些微睡眠、四到五分鐘的睡眠時段，那麼我大約睡四個小時。

傑佛森 那麼你們為什麼睡覺呢？

艾叔華　我們睡覺是為了有機會與自己的實際本質更加校正對準，那是我們化身成物質身體之前起源的地方。在某種意義上，睡眠使我們再生，重新連結到我們的更高理念，連結到我們的更高心意，那允許我們在回到物質表達時，可以更像那個狀態、那個較高自我的存在狀態，彷彿當我們清醒時，隨身帶回了那股能量。就好像我們去度假，發現了我們覺得是珍貴寶藏的奇妙物品，於是興奮地帶著寶藏回家！

傑佛森　（大笑。）

艾叔華　然後當我們清醒時，可以打開那些寶藏。它們使我們再生、增強我們的氣力，允許我們與我們存在的較真實狀態，更有共鳴、更同步、更同頻、更和諧！

傑佛森　原來如此。

艾叔華　那樣說是否充分回答了你的問題？

傑佛森　是的。

艾叔華　謝謝你！

✱✱✱

傑佛森　的確回答了。謝謝你！讓我再請問你另一件事。人類的下巴是由兩個相對的結構組成：上顎和下顎。下半部分，我們稱之為下顎骨。它是可以移動的部件，托住我們的牙齒，允許足夠的移動性和靈活性，初步處理我們攝入的食物。在你們的人類結構中，下巴是如何運作呢？跟我們的一樣嗎？

艾叔華　你們的下巴必須咬下、咀嚼及搗碎食物，而我們並沒有那樣的力量。組成我們下巴區的骨骼部件，比你們的小了許多，肌肉區的大小也跟你們世界裡通常看到的不一樣。我們不像你們那樣咀嚼，我們不像你們那麼頻繁地吃著在你們世界上吃進的那些東西。

傑佛森　原來如此。

艾叔華　所以，我們有下巴，但是它的力道遠不如你們在你們世界裡所擁有的下巴。

傑佛森　顎骨使我們的臉部輪廓更加明顯。你們的臉部是怎麼樣的呢？你們的臉型底部是不是因為那樣的下巴而尖尖的？

艾叔華　總的來說，比你們世界裡看到的人類下巴柔和許多。我們的下巴通常不會像有些地球人的下巴那樣突出。

傑佛森　好的。

艾叔華　總的來說，我們的頭蓋骨比較是橢圓形的。

傑佛森　橢圓形，好的。

艾叔華　不完全是。你們星球上有些人的頭部結構跟我們一般人的頭部結構非常相似。

傑佛森　你們的臉部有點像夜間活動的貓頭鷹嗎？

艾叔華　嗯，不像，因為那樣會變成臉部從上到下都是平面的。我們的臉部往往是比較有弧度的。

傑佛森　好的。

艾叔華　如果你從側面看著我們的頭部，它往往比較是向外的弧線或拱形。

傑佛森　好的。

艾叔華　它不是一條筆直的垂直下落線。我們的後腦勺也有一個向外的拱形，比較是一個半圓。它既有弧度又光滑。如果你從正面盯著我們看，那麼你會看到我們的頭部側面也是有弧度的，像是一個半圓，比較是一個平滑且比較圓的拱形，但不完全是這個樣子。通常，我們的頭上確實到處都有一些你們可能會認為是小小隆起和腫塊的東西。

✦✦✦

傑佛森　（大笑。）很好！艾叔華，因為你們的飲食不一樣，所以我有興趣請問你這個問題。你們有牙齒嗎？

艾叔華　我們沒有像你們一樣的牙齒。

傑佛森　你們怎麼進食呢？

艾叔華　我們通常會吃一些你們認為是液態的攝取物，此外，我們不像你們世界的人類那樣經常攝取食物。

傑佛森｜噢。

艾叔華｜我們不需要那樣子攝取那麼多的熱量、能量。

傑佛森｜原來如此。

艾叔華｜在我們所是的本質裡就有能量，而且我們可以比較輕易地體認到如何契入那個能量滋養的源頭，然後將我們的生理機能從某個片刻推進到下一個片刻。

傑佛森｜是。

艾叔華｜在某種意義上，我們經常只是依靠「如是本然」（that is）的能量為生。它填滿我們，為我們提供需要的大部分能量。

✷✷✷

傑佛森｜好的。所以這麼說來，你們不需要上廁所囉？

艾叔華｜我們通常沒有需要透過消化系統排泄的糞便，不像你們世界的一般人那樣。所以答案是，我們不做那樣的事。

傑佛森｜很好，但是你們一定會尿尿吧？

艾叔華｜我們攝入的食物是偏向液態狀的。我們經常這樣吃，它提供了我們與活生生的植物本體互動的能力。我們將以植物為基底的生命形式，轉變成比較液態的物質，然後以一種允許我們與那株植物及其生長區域互動的方式來食用它。這樣的食物攝取是一種交流、一種融合、一種共享，它是一種關係。我們進行這種食物攝取，不只是為了讓我們的身體繼續運轉。我們這樣攝取食物，往往是為了與那種植物、那個生命形式有某種互動，也與植物本體從中生長出來的土地有某種互動。你懂得這個概念嗎？

傑佛森　我懂！所以，那些被轉化的液體，是否會透過跟人類相同的管道排出呢？

艾叔華　不會。它們在我們的生理機能中被充分利用了，然後那些遍布我們全身皮膚上的毛囊，會把身體不再需要的任何物質向上傳遞。物質被向上帶到毛髮，也就是我們之前說過的細小毛囊上，然後從那裡被轉化。

傑佛森　好的。

艾叔華　所以我們並不需要真的去某個特定的房間洗個澡。它發生得自然而然、渾然天成，而且當這些微粒或這種物質從毛囊脫落時，並沒有氣味，不像在你們的世界上，你或許會在最近有人使用過的廁所裡聞到氣味。

傑佛森　所以，基本上那是一種能量本質的轉化嗎？

艾叔華　是的！

傑佛森　好的，所以並沒有我們知道的液體或物質嗎？比較是某種能量的轉化嗎？

艾叔華　就那方面而言，沒有排便，不像你們的世界那樣。

傑佛森　那麼我只能想當然爾地認為你——

艾叔華——也不用花時間尿尿。

傑佛森——是啊，是啊，我就是想到這個。

艾叔華——不上廁所的！

✦✦✦

傑佛森——謝謝你！艾叔華，你們的手指頭上有指甲嗎？

艾叔華——我沒有。我確實有一種比皮膚多一些纖維的物質，很類似你們世界裡人類的指甲。

傑佛森——是嗎？

艾叔華——它比較粗糙，粗糙的意思是，如果碰到像你們手指頭上的指甲之類的東西時，它可以承受撞擊，但是我們沒有長出來後必須修剪的東西。

傑佛森——（咯咯笑。）

艾叔華——我們不用銼刀銼指甲，不修剪，不塗指甲油。不過，我們真的發現這很迷人，在你們的世界裡，這是人們興致勃勃且經常參與的活動。

✦✦✦

傑佛森——你說，指甲可以承受撞擊，所以我想知道，你們會相撞嗎？

艾叔華——有時候，基於好玩的互動，我們彼此之間會玩一些碰碰車之類的遊戲。

傑佛森——你玩碰碰車？

艾叔華——但是我們意外相撞的情況很少見，可能會發生，但是不常發生。當這樣的事情真的發生時，通常不會造成移位，包括我們身體的生物機體、骨骼結構或是器官。身體位置不會因為這樣的碰撞而移位。

✶✶✶

傑佛森——當你走路時，你是雙腳踏在地上走路，還是你可以漂浮，或是盤旋，或是……我不知道……飛翔嗎？

艾叔華——我們可以重新定位，但是我們不盤旋！我們可以創造盤旋或漂浮在地表上方一或兩英尺（三十至六十公分）的幻相。但那只是從一個「本然所是」（Isness）的頻率移動到另一個頻率。那是一種時空旅行。我們可以做到那一點，看起來像是在你們世界的電影和影片中可以找到的某些角色。

傑佛森——要從A點到D點，你們不必先走過B點和C點嗎？你們可以直接重新定位或瞬間移動嗎？

艾叔華——我們確實可以選擇其他路線！從一個點到另一個點，我們沒有一定得走的固定路線。那麼說回答了你的問題了嗎？還是你問的是不一樣的東西呢？

傑佛森——回答了，的確回答了我的問題，但是我沒有把握我是否理解了。你們就……你們必須從一個地方走到另一個地方，還是你們直接——

艾叔華 有許多世界我們可以探索。在你們的世界上，你們通常看見人們在走動，我們可以在你們的世界裡如法泡製。我們有能力一次踏一腳，一次伸出一條腿，跟你們一樣，那是通用的運輸模式，無需借助你們世界上的任何外部交通工具。

傑佛森 好的，所以這在你們的世界裡如何運作呢？

艾叔華 經常，我們會突然出現在我們想在的地方。我們會出現在要會面的人面前，對方知道我們會出現。我們事先以心靈感應的方式與對方溝通過了。

傑佛森 好的。

艾叔華 他們為我們準備好，在我們到達之前出現。一旦我們在某個團體中相處時，或許體驗著你們所謂的社交互動，那麼我們可能會坐在一起，就像你們世界上的促膝相談。此外，只要願意，我們也可以一起走走，就跟你們在你們的世界上一樣。

傑佛森 好的。

艾叔華 其他時候，我們可能希望迅速從一個地方到另一個地方。通常，我們不會從A點，到B點，到C點，到D點。我們會直接快速地從A點到Z點！我們不會沿途做出一系列間歇性的逗留。我們就在起點，然後我們會在目的地，速度快到你彈個指或眨個眼，實際上比那更快。我們通常選擇以這樣的方式移動相當遠的距離。有時候，我們會移動得比較緩慢，而且在某種意義上，是走一條風景優美的路線，這時候，我們從A點開始，然後稍微移動，進入到不同的時間和空間頻率模式，於是我們在B點，然後我們進入稍微不同的時空頻率，於是在C點。可以說，我們左看看、右看看，瀏覽景觀，欣賞風景。然後我們可以同樣的方式去到D點、E點，以及F點，依此類推，直到抵達目的地，譬如以本例來說是Z點。所以有時候，我們會走比較緩慢的風景路線，但是通常我們會從A點移動到Z點。那只是取決於我們的心態、我們玩耍的狀態，以及當天那個特定的時刻我們在什麼地方。

傑佛森　如果你在A點，然後突然出現在Z點，那可是我所謂的「瞬間移動」（teleport）。

艾叔華　可能很類似。

傑佛森　怎麼……你們怎麼做到的？

艾叔華　我們只是從一個點移動到另一個點。「存在」之中其實只有一個點，它有無限數量的頻率或表達，總是不斷地改變它們的頻率或表達特性。

傑佛森　好的。

艾叔華　在某種意義上，你們可以定義或創建「位置」的概念。你們可以在這些無限頻率的任何頻率之內定義一個位置，於是你們可以創造無限多個位置的感知。它其實只是頻率。有無限數量的頻率，當你選擇聚焦在這些頻率中的任何一個時，你就可以擁有存在那個頻率中的體驗。有時候，那可能看起來像是一個地方，例如，就像你所在當地的餐館，或是山頂、河邊小路、高速公路上的行車道。這些全都只是頻率。我們只是理解了這個理念，讓這件事對我們來說變得更容易做到。在某種意義上，我們生來就理解這件事。它對我們來說是不假思索的，我們毫不猶豫，根本不必考慮。我們就是知道如何執行這個旅行模式，就好像在你們那裡，只要在戶外，多數人都知道是白天還是夜晚。我們就是知道如何改變我們的頻率，將之變成我們正在聚焦、觀察、體驗的事物之頻率，變成我們正在為自己創造的，要去體驗的地方之頻率。我們將頻率改變成我們調頻進入的東西。

我們從起始位置開始，譬如說A點。我們調頻進入那個頻率。當我們想要去到B點時，我們調頻進入那個頻率。當我們想要去到C點時，我們調頻進入那個頻率，而且與它共振。我們變成與那個想法合而為一。

如果我們想走「快車道」，我們會先調頻進入那個起始位置的頻率，然後只要集中我們的心念、感受，以此例而言，傳遞在Z點目的地是什麼樣子的頻率，於是突然間，我們就在那裡，在那個頻率中共鳴，體驗著那個頻率。

有許多小組件。有大量小組件屬於實際上正在發生的事，而你們的世界甚至沒有語言、詞彙、感覺、心智理解潛力，可以了解所有這些東西。而那是沒關係的，那完全就是目前適合你們世界的方式。所以我們不可能為你們詳細解說，因為沒有任何意義。關於我們正在談論的內容，你們沒有任何的參照架構。如果我們嘗試告訴你們如何執行，你們勢必不知道如何恰當地應用。

—傑佛森—

好的。

艾叔華　因為這種能力確實存在，它確實存在於你們之內。那只是時機的問題，等你們和你們的世界開始選擇探索並契入那一門知識的時候，然後當你們透過一步接一步、一個線索接一個線索、一個了悟時刻接一個了悟時刻地那麼做，那就會變得更顯而易見，你們會知道可以採取哪些步驟來建立那種理解，直到你們達到某種自動理解為止，就像對我們來說那樣。你們只管做就對了。你懂得那樣的解釋嗎？

傑佛森　懂。那是非常好的！

艾叔華　當你們和你們的社會發展出那個能力，發展出這麼做的理解時，其中涉及的許多其他非常精細的數學因子，就會變成了第二天性。

✸✸✸

傑佛森　是啊，我了解。所以回到溝通交流那個主題。你會講多少種語言呢？

艾叔華　超過兩千。

傑佛森　抱歉？你可以再重複一遍嗎？多少？

艾叔華　超過兩千。

傑佛森　天哪。你如何學習那麼多語言呢？

艾叔華　我沒辦法告訴你。我的語言裡沒有字詞可以形容啊！

傑佛森　好吧！（大笑。）

艾叔華 我只是在開玩笑啦！在你之內，在所有人類之內，在一切萬有之內，都存有這層理解。就好像它是一把鑰匙，可以解開任何「巴巴咿呀高塔」的門鎖，將它夷為平地，那麼輕易地、不費勁地，不費吹灰之力。當這種事發生時，你們再也不會覺得世界上所說的種種語言是不一樣的。

傑佛森 這是怎麼辦到的呢？

艾叔華 通常，運用一個特定的「理解」鍵，我們就可以揭開對不同語言的感知，然後它們就沒有區別了，好像我們用著自己的母語彼此交談。譬如說，如果我是法國人，我可以用母語法語與來自德國的某人說話，而且在他們聽來，我是在說德語。我藉由進入更深層次的溝通和理解，創造出這種效果。

傑佛森 好的。

艾叔華 在法語、日語、德語、瑞典語、葡萄牙語、西班牙語等的概念底下，有統一的語言存在。統一的語言使我們能夠與許多不同的社會溝通；這些社會可能全都有自己獨一無二的語言。

我們在他們從小使用的語言層次或表層底下移動，我們在一個深入理解內在的地方與他們交談，因此，即使在我們初次接觸他們之前，他們並不知道自己能夠進行這樣的溝通，他們還是辦得到。他們就是能夠做到。那就建立在「本然所是」、「一切萬有」的系統之中，具有生理機能的存有通常都有契入這個系統的能力。即使你們經歷過許多世代都是在被授予「個別語言」（separate language）的概念下長大，但你們的世界和人們還是可以做到這一點。我們現在說的「統一語言」（unifying language），對你們來說可能顯得相當陌生。

有些人談到某種古老的梵語或這個語言或那個語言，是地球上最古老的語言，但我們現在提到的是那些概念底下的一種語言，而且是一種連結一切存有、連結所有生命形式、完全降低語言分離感的語言。

我們在每一個世界裡都可能遇見有些人被概念深深卡住，認為他們的語言是個別的，於是我們可能需要花時間潛入底下，找出他們對那個語言的執著點，同時開始理解他們用什麼當作鎖定機制、妨礙機制，才會阻止他們靠這種比較深層的語言來理解我們。但是假以時日，如果我們能夠繼續與他們互動，他們就會開始產生共鳴，進入這種比較深層的語言，然後能夠與我們溝通。

我可以與兩千多個你認為是外星存有的不同物種交談。表面上，每個物種似乎都說著不同的語言，兩千種不同的語言，然而在所有這些底下，其實只有一種語言，而且你們可以學講這種語言。這是我學會講的語言，當我處在翻譯模式、擔任翻譯員的時候，這也是我真正講出的語言。

那個障礙，或是你們可能認定的障礙，是要讓其他種族能夠放下以他們熟悉的語言跟我們交談的需求，同時開始更深入地探查他們的內在本質，並找到我們所說的這種語言。有些世界需要比較長的時間，才願意鑽研這個比較深入的地方。或者，有些世界會立即明白，並發現它相當美妙、相當具有啟迪作用、令人興奮雀躍，因為他們不知道語言存在於這樣深入且比較統一的存在狀態中。所以，關於這樣的語言，也許今天在你們的世界上通常不會有人這樣講話，但是明天呢？誰知道？它可以變成一種合一（oneness）的語言，就在你們人類的意識之內覺醒，而且它可以簡簡單單地到來，就像太陽在地平線上升起。沒有人必須去上課，才能學習如何接觸到我們所談的這種比較深層流動的溝通語言趨勢。

傑佛森　有心靈感應式的念頭交換嗎？還是你講這種合一的語言，而對方講他的母語？

艾叔華　對方會感知到我正在用他們的語言說話。真正發生的主要是一種情緒、一種感覺、一種念頭、一種心靈感應的互動、一種溝通交流。但是他們感知到這是用他們的語言進行的。

傑佛森　噢，原來如此。難道不是他們認為有心靈感應正在發生嗎？他們看見你動動嘴巴，然後以為你在說他們的語言？

艾叔華　它可以雙向運作，只是取決於對方的意識發展在那個特定時刻的本質和位置。我們遇到的其他存有，擁有一種你們可能會認為是非常先進的語言，有時候需要我們稍微敞開心扉，才能夠連結上他們，以及連結到他們能夠靠這種語言溝通的深度，那是目前存在的語言溝通趨勢。當我分享這個概念時，你聽得懂嗎？那樣的說法是否回答了你的問題呢？

傑佛森　回答了，謝謝你！

艾叔華　如果你願意，我們可以更詳細地說明，但是如果你了解了，那非常好。

✸✸✸

傑佛森　好的，我了解。在地球上，有許許多多的語言。例如，在美國有英語。在雅耶奧世界裡，你們怎麼稱呼你們所說的語言呢？

艾叔華　雅伯瓦（Yahbwah）。

傑佛森　雅伯拉（Yabla）？

艾叔華　雅伯瓦，Yahbwah。你們可以拼成 Yahbwah。

傑佛森　用你們的語言，你會怎麼說「保持喜樂」呢？

艾叔華　雅穩！

傑佛森　怎麼拼？

艾叔華　沒辦法真的拼出來！

傑佛森　相近的拼法？

艾叔華　YahHuhm。

傑佛森　好。謝謝你。那麼，你們之間有沒有——

艾叔華　不對。Yah，Oohm，在發音上會更接近一些。Yah oohm!

傑佛森　Yah hoohm.

艾叔華　Yah oohm! 把那個 H 拿掉，第二個 H 拿掉。

傑佛森｜好的，Yah oohm!

艾叔華｜Yah oohm!

傑佛森｜好！我明白了！那麼艾叔華，你們之間每次相遇時，有沒有一定要說一句什麼話或比一個什麼手勢？

艾叔華｜但是首先，你能不能告訴我們，「yah oohm」在你們的語言中，翻譯成你們的語言，是什麼意思呢？

傑佛森｜哦，在英語中……yah oohm 的意思是「保持喜樂」（be in joy），在我的母語葡萄牙語當中，「保持喜樂」翻譯成 esteja alegre contente!

艾叔華｜保持喜樂！保持喜樂！Yah oohm! 你的問題呢？

傑佛森｜你們之間每次相遇時，有沒有一定要說一句什麼話或比一個什麼手勢？

艾叔華｜沒有。

傑佛森｜說說……或許像這樣的話：「喂，怎麼了？」

艾叔華｜沒有。

傑佛森｜你們不那麼做嗎？好的。

艾叔華｜有對方的認可就夠了，那就足夠了。我們非常了解他們在什麼位置、他們在做什麼。他們在場，是確認他們選擇出現在我們面前，因為他們發現出現在我們面前是最令人興奮雀躍的。

傑佛森　原來如此。

艾叔華　他們的在場本身就是一種問候，接收到那樣的問候對我們來說是莫大的喜樂。當我們出現在他們面前時，他們也體會到類似的經驗。

傑佛森　那麼談談連繫吧，一年當中，你們有沒有專門交換禮物的特殊日子呢？

艾叔華　沒有。

傑佛森　好的。

艾叔華　再說一次，對我們來說，「跟對方同在」本身就是一份特殊的禮物。

傑佛森　你們有沒有——

艾叔華　可是，這並不是說我們不會遇到這樣的事，有時候在造訪的世界裡，我們會遇到某人一定會非常喜歡收到的物品。如果時機適當，我們可能會將那件美好的物品收集起來，帶回來給那個人。那可以被認為是一件禮物，但是那樣的互動只會自然而然地發生，不是說在生日、父親節、耶誕節或母親節時一定要這麼做。

✷✷✷

傑佛森　原來如此。艾叔華，我們即將結束今天的通靈傳訊。我有幾個問題。你們的世界上有沒有專門查看其他星球上正在發生什麼事的電視呢？

艾叔華　在某種意義上，有的！

傑佛森 那麼，你們有沒有——

艾叔華 它沒有任何商業廣告，沒有任何新聞插播，沒有新聞快報，沒有那樣的事。

傑佛森 噢。

艾叔華 沒有贊助商。

傑佛森 那很好啊！所以你們可以……你們是不是有一個頻道讓你們可以看見地球上正在發生的事？

艾叔華 有一些。

傑佛森 真的嗎？好的。我們能不能重新審視這個通靈互動發生的機制？上次我們談到這一點時，你說的是，或者我的理解是，你所在地點的景觀有能力擴大你與通靈管道肖恩的連結。你如何感知到這個連結真的建立起來了呢？

艾叔華 那只是在顯意識覺知、互動性、溝通能力方面，選擇在某個類似的頻率共振。在你還沒有完全了解使這個東西成為可能的所有細節時，你就可以做到這樣的事。然後你愈是執行，就會打開那扇門，讓愈多的細節隨著時間自行揭露。隨著那些細節被揭露，你就會處在比較好的位置，可以與它們有所關聯、理解它們、適度地與它們合作。你了解那個概念嗎？

傑佛森 了解。原來如此。很好。我還記得你說過，你可以將你的覺知焦點移出由過去、現在和未來所代表的時間線，而且因為處在當下，你可以在溝通交流上產生共鳴。是的。很好。所以，艾叔華，我想該是提問的時候了，你有沒有其他臨別的想法或任何東西要分享？

艾叔華　Yah oohm!

傑佛森　（咯咯笑。）Yah oohm! Yah oohm!

艾叔華　Yah ooooohm! Yah oohm! Yah oohm!

傑佛森　Yah oohm!

艾叔華　oohm! oohm!

傑佛森　保持喜樂！

艾叔華　Yah oohm! 保持喜樂！

傑佛森　好喔！

艾叔華　感謝你在你們時間的今天下午的分享和互動。很高興有機會提出對你們世界的人可能有用的信息，讓他們能夠放鬆接受這個概念：我們在這裡，我們是兄弟姊妹，我們是親戚，我們是你們世界的子孫。

因此，我實在很高興有機會分享這樣的信息，而且主要是透過你們不吝惜花時間規畫的這些問題喚醒的。或許我們下一次會談時，你們會發現新的問題。或許在下一次會談之前，某些問題會找到新的方法在那幾天內進入你們的覺知，可能又是在你們作夢時，或是在你們與某些還沒邂逅的人們的互動中。當你們遇見他們時，你們將會以非比尋常的方式發現那是相當有趣而令人好奇的。話雖這麼說，我們再次感謝你們，祝你們有一個美妙愉快的下午和晚上！祝你們好運！

—傑佛森—祝你們好運！非常感謝你，艾叔華！

Chapter 06

首次公開接觸地球的外星人

鳳凰城之光是我們開始將那個實相
引進你們的意識的方法之一，
而且是的，
你們有已經進入太空的地球兄弟姊妹，
他們現在正在找路回家，
期待歸鄉與你們團聚。

——艾叔華

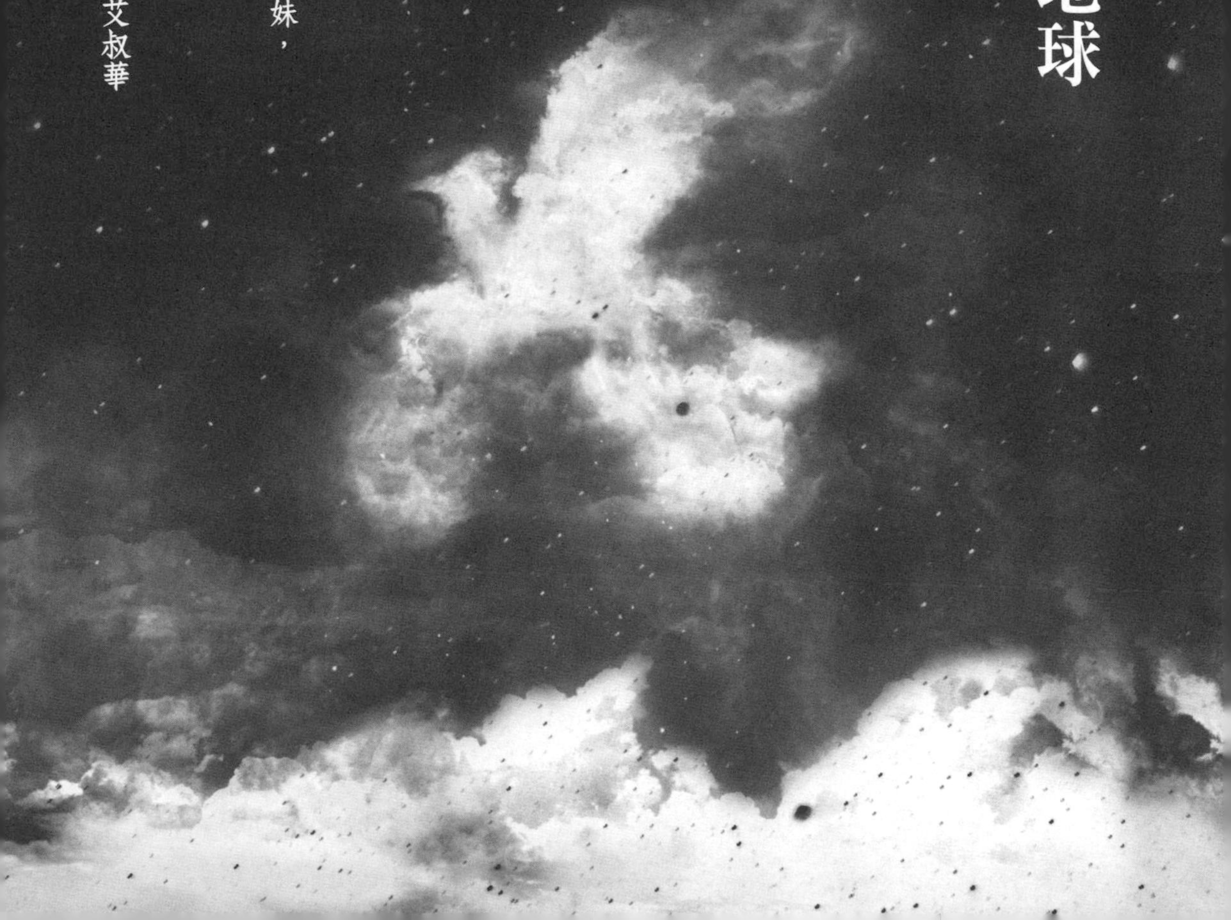

艾叔華——很高興能在你們時間的今天下午在這裡與你們共度，體驗你們選擇擁有的這段經歷和創造這個時間！你好嗎？

傑佛森——好得不得了！感謝你回來。感謝你分享！

艾叔華——是啊！我們一直很高興來這裡，很高興有這個機會以這種方式，與你們和你們的社會互動，因此創造出新的第三實相！在你們時間的今天，你們希望如何向前邁進呢？

傑佛森——艾叔華，我想要再次探討之前幾次的通靈互動中談過的幾個概念。你們的星球上有沒有像馬一樣的動物，讓你們可以騎馬娛樂或是當作運輸工具使用？

艾叔華——我們沒有運輸需求，所以不會與動物那樣互動。有些動物允許我們分享騎乘的本領，擁有那種一起連繫的經驗。

傑佛森——允許你們以那種方式與牠們互動的動物，看起來是什麼樣子呢？

艾叔華——我們有一些動物很類似你們世界的長頸鹿。牠們的腿比較強健，可以承受較大的重量，這並不是說牠們需要負重，因為除了偶爾一起歡樂騎乘之外，牠們是不載人的。牠們的頭蓋骨頂端，通常沒有會在你們世界的長頸鹿身上找到的那種小突起。牠們的聽覺非常敏銳，就跟你們世界裡的長頸鹿一樣。身上的顏色不像你們世界的長頸鹿是柔和的棕色和黃色，而是偏向彩虹般的紫色，帶點白色，偶爾有些橙色。有些具有變色能力，可以顯現出與你們世界的長頸鹿相似的顏色。這些動物確實會以比較能被聽見的方式說話，但不見得是我們所說的語言，而是牠們自己的交談是透過發出某些清晰存在且容易聽見和觀察到的聲音。在我們通常會去探望牠們的地點，牠們的數量比較多。有一個世界裡，牠們是其中的主要生命形式之一。牠們在那裡有一個共同的社群。在某種意義上，那好像是一個屬於牠們自己的世界，共享物質空間、那裡的星球表面，而且牠們具有與我們和其他生命互動的能力。牠們所採用的方式，讓我們知道牠們正在承認我們的存在，體認到我們在那裡以喜樂的形式與牠們互動，那是一種友誼。牠們以我們認為是問候的方式，向我們致意。通常在我們到達時，牠們會來到我們面前，在某種意義上，了解一下我們的世界最近發生了什麼事，也跟我們分享一下自從上次我們相聚之後，牠們的世界發生了什麼事。在那方面有點像是回家，回去會見老朋友。

傑佛森

你們有沒有可以跳上去後一起飛翔的動物？

艾叔華

我們其實不會那麼想。我認為，我們可能曾經與某些生物一起經歷那樣的體驗，但是再說一次，我們能夠輕輕鬆鬆地靠自己到處移動，也能夠創造飛行的感知。這可能很類似鷹鳥在你們的世界裡所做的事，在沿海地帶某座峭壁頂端的上方，飄浮在熱空氣的上升暖氣流之中。

對於或許可以乘著大老鷹或獵鷹飛行的想法，你們會有點興奮嗎？那是你們想做的事嗎？

傑佛森　是啊！那很有意思……或是一匹有翅膀的飛馬！我認為那是一個好主意，在某處的某人可能有一匹飛馬，那鐵定很有意思！但要是我掉下來，就不好玩了。

艾叔華　嗯，在你們的世界裡，確實有地心引力，在你們找到其他方法與地心引力的關係互動之前，是的，你可能會掉下來，但是你可能有降落傘。

✦✦✦

傑佛森　在你們的世界上，在雅耶奧星球上，你們會大笑嗎？

艾叔華　會啊，我們會大笑的！

傑佛森　當你們大笑的時候，會牽動臉部肌肉嗎？

艾叔華　會啊。

傑佛森　好的。你之前說過，你們的眼睛沒有淚腺，那是否意味著你們是不哭的？

艾叔華　嗯，我們確實有能力在某種感覺方面表現出喜悅的眼淚，但是我們沒有導管可以讓那些地球人在悲傷和痛苦時從淚腺流出來的液體內含的成分流過。如果你可以分析那些液體，當我們個別處在喜樂的狀態時，從我們的眼睛裡和從你們的眼睛裡流出來的物質，是相似的。但是如果你要拿取並分析地球人在悲傷和哭泣時流出來的眼淚或液體，你就會發現，那些淚滴中的物質不會從我們的眼睛裡流出來。你們悲傷的淚滴，來自略微不同的導管。我們的生理機能中沒有那樣的硬體接線。悲傷是一種對我們沒有幫助的體驗，於是在我們的生物機體當中不再具有任何的功能，因此在某種意義上，它已經被擱置一旁了。

✵✵✵

傑佛森 很好！你們社會中的人們是否像地球人一樣會變老？你們能否保持物質身體的年輕，一生都沒有皺紋或衰老的痕跡？

艾叔華 我們對年齡有某種體認，但是通常不會透過皺紋表現在外，不像在你們世界裡的老年人身上看到的那樣，當一個人在你們的世界過上許多年，皮膚可能會有點鬆弛，肌肉可能會有點下垂。所以可以說，我們的生理機能通常不會體現那些，不會在視覺上表達那些。

有個能量體裡含有我們釋放出去的一種能量，然後我們世界裡的人們可以在某方面根據散發出來的能量，體認到我們每個人的年齡類別。所以年紀很輕的人會從物質身體散發出不同的振動或能量體，而它們將不同於中年人，或是接近即將遷出身體、進入另一種體驗的老年人，後者就好像你們世界裡常說的垂死和死亡。對我們來說，體驗並感知到遷出物質身體的過渡轉換過程，跟你們體驗到的往往不太一樣。

我們體認到，死亡是一次絕佳的機會，可以進入一個新的世界、一種新的生活之道，而且那麼做是要在恰當的時機，並以那個根據我們在那一生中已經選擇體驗和表達的恰當方式。隨著年齡的增長，我們更加清楚地了解到我們做出那個轉換的時間愈來愈接近了。在你們的世界裡，這被稱作死亡、垂死，但是對我們來說，那只是一種體認，體認到「闔上那本」生命經驗之「書」的日子愈來愈近了。在某種意義上，我們已經讀完了那整本書，而且我們知道，對我們有幫助的做法是，開始準備將這本書擱置一旁，同時理解到，一本偉大的新書很快就會出現在我們眼前，讓我們可以開始閱讀一段全新的體驗、一種全新的生命表達和化身形式。

我們可以從一個個雅耶奧人身上體認到年齡因子，但這通常是觀察精微的能量體得出的，很少是因為觀察物質身體。那麼說是否回答了你的問題呢？

✷✷✷

傑佛森 有時候，我認為衰老是一種機制，通知我們時候到了，應該不再關注某個特定化身的焦點，不再關注某個特定的實相，而是要向前邁進，探索比較符合我們的實際本質的其他實相。你認為這樣的概念如何呢？

艾叔華 那是概念之一，不過，衰老過程有無數種方式，讓人類有機會擁有種種不同的奇妙體驗。衰老過程確實需要做出某些改變，但是衰老過程會被置入於你們全都選擇要在這次地球經驗期間與其合作的人體遺傳學和生物學當中，主要原因並非「做出改變」。

由於生物學的本質，以及你們已經融入這次體驗、這個世界、這個物質實相的衰老機制，有許多驚喜又迷人的契機可以呈現給人類。

傑佛森　原來如此。

艾叔華　所以你提出來的概念肯定是其中之一。感謝你提出這個概念。

傑佛森　你認為我們可以阻止或逆轉衰老過程嗎？

艾叔華　你們可以延長一個人活在自己身體內的時間，那是可以做到的。

傑佛森　我們能不能對衰老做些改變，讓自己一輩子看起來都很年輕呢？

艾叔華　可以，那是一個可以被創造出來的世界，但是你們的世界並沒有集體選擇擁有那個特定的經驗。你們當中有些人已經連結到保持相當年輕、顯得相當年輕的能力，而且在你們世界的時間計算過程中，在生理上已經是好幾百歲了，但是集體而言，那不是你們期望在這裡取得的經驗。如果你們以集體的身分選擇朝那個方向邁進，那是一種可以被擁有的經驗。只是人類想要探索其他概念，並擁有比該概念更多的經驗。

對於能夠逆轉自己年齡、開始看起來比較年輕的人來說，若要對他們的世界展現此一賦能的層次，揭露那個「自己是造物主，具有創造能力」的層次，將會促使地球上的許多人比較難繼續接受那些由來已久的信念、限制和分離的主要體驗，以及隨之而來的概念，例如探索「你並不是正在創造你的經驗的那一位」之類的幻相。若千世代以來，「限制和分離的概念」一直是你們世界的主要焦點。如果你們有幾個人逆轉了自己的年齡，變得比較年輕，然後告訴其他人，他們有意識地做著那件事，這樣一來，就會促使其他人更難繼續接受那個由來已久的概念。那個概念是：總以為人類不是自己實相的創造者，在他們之外還有某個人正在「操縱演出」。

他們可能會開始產生諸如此類的想法：「那邊小鎮上的人們說，他們知道如何使自己變得比較年輕，而且他們愈變愈年輕。如果他們可以做到，我們也可以學習如何做到。」隨著愈來愈多人領悟到這個面向，知道自己實際上具有造物主的能力，那麼那個「在你自己之外有位全能、強大的存有，決定了你何時該要行動」的老舊觀念便不再「懸宕」。你明白我們提出的重點嗎？

傑佛森

我明白！

艾叔華

在某種意義上，為了讓你們的當前實相或「世界遊戲」，仍舊是集體選擇的那樣，能夠維持集體的基本主題故事情節是重要的。所以，還是必須有布景、道具、定義、信念，有些人很有深度地表達限制的概念，好讓你們的覺知一開始就持續相信分離和限制的概念。

當愈來愈多人開始走出那些老舊的概念，改而開始指出「你們其實不是那麼受限，也不是真正受制於自己之外的造物主」，那麼整個布景、整個由來已久的「世界遊戲」便會開始崩潰。在某方面，舊照片會開始從牆上掉落下來，一道道磚牆開始倒下，留下你一個人站在偌大的攝影棚裡，什麼也沒有，只有綠色背景等著你決定接下來要放些什麼上去，接下來要創造什麼實相。

如果人們騎著有翅膀的飛馬飛來飛去，將「時間老人」的時鐘往回轉，一而再、再而三地變得更年輕，你們的世界相信「限制」的程度就會不一樣了。

✶✶✶

傑佛森

在這個物質世界裡，似乎我們有些人對「存在」非常了解。他們能夠創造自己偏愛和喜歡的實相，但是他們通常祕而不宣，為的是尊重他人渴望繼續活在「限制的遊戲」之中。

艾叔華

在你們的歷史中，時常有人挺身而出，對他人表達先進的知識。這個知識以實例證明了「人類就是個人實相的創造者」，但是，如果集體還沒有準備好向前邁進，還沒有準備好擴充自己的覺知，去明白你們每個人都是自己實相的創造者，那麼細看你們的歷史就會知道其結果。你們會看見許多敘述提到有那麼一個人，基於其前世的教導而在今天被視為天才，並看見敘述透露了，那個人一生遭到眾人的反對聲浪轟炸。這樣的「有識之士」經常遇到一連串的反對和憤怒人士，這些人有時候甚至會宣稱，這個具有浩瀚知識恩賜的有識之士，在某種程度上是一個邪靈，需要立即從行星表面移除掉。

在某種意義上，他們下意識地認為，有識之士需要被消滅，才能保存集體的渴望，讓「限制和分離的遊戲」保持活躍，他們才能夠繼續玩著所謂的捉迷藏。有時候，集體並不想要停止玩這個遊戲，所以當某位有識之士或是父母之類的角色說，進門的時候到了，該「回到家裡」，小朋友反而可能會跑開，然後因為摸黑在外面玩耍而迷路。

傑佛森 是啊，我了解。

艾叔華 所以，只有當集體決定想要以某種特定的方法、方式、形式和方向開始覺醒時，只有到那個時候，才會有一個人或多個人開始提出、表達及展現更多你們實際的造物主能力。無論是透過令人驚歎的心靈能力，或是某種飄浮示範，或是能夠以光維生，或是能夠活個幾百年，無論可能是什麼樣的才華、能力或現象，都會開始達到集體選擇接受的程度。

這些類型的集體選擇，通常是在超意識層面做出的，個人經常沒有覺知到自己正在參與並做出這樣的集體選擇。

✱✱✱

傑佛森 原來如此。你提到有些人「以光維生」，不需要任何一般類型的食物，就可以供養自己的物質身體。這個概念已經被帶到科學界，科學家已經探索了這樣的宣言，並且證實有些人真的做到了。然而，還是有些人不相信有人能夠「以光維生」，無論有多少證據。

艾叔華 嗯，證據純粹是由某人接受某個概念的意願而決定的，那個意願是去相信某個概念對他們來說是真實的。證據並不是固定在「存在」的永恆本質中的東西，並不是每個人必須尋找和接受的。就那方面來說，只有三個概念是永恆不變的。

在某種意義上，「證明某事」的概念，只是讓一個人接受你的某個概念對他來說是真實的。你可以說，你的某個概念是「事物本來的樣子」，但是直到與你交談的那個人接受這個概念，你才算是向對方證明了。某個人眼中的證據，可能與另一個人所謂的證據相去甚遠，因為他們並不相信或接受別人確實接受或相信為真的所謂「事實」。

＊＊＊

傑佛森 好的！謝謝你，艾叔華。現在我們繼續探討另一個我最近一直在思考的問題。

艾叔華 好的。

傑佛森 出生時恆星和行星的排列位置，是否會對物質形式、物質身體有任何的影響？

艾叔華 一定會有機會讓那樣的事發生，但這並不是說，一個人因為在某個特定的時間出生，就會發生什麼事。那是出生時在場的能量混合交融造成的，而且那東西可以繼續存在。這些能量混合交融的振動，可以繼續與那個人同在一段時間，而且可以成為伴隨這個人的指引機制，幫助他們做出特定的抉擇，表達特定的人格和特定的行為，以特定的方式做出選擇。這些能量可以那樣的方式成為嚮導。但這些能量不必是嚮導，它們並不是一個人終其一生皆固定不變的東西。一個人回應、表現和互動的方式，並不需要始終依據出生時間和出生地點的能量。

通常，一個人出生時在場的這些能量，可以提供十分強大而舒服的內部指引機制，讓人類緊抓不放。一個人可以與那個指引能量、那個意識、那個臨在其出生地點和出生時間的生命頻率之道泰然相處。或者，有些人開始掌握那個概念，然後泰然地採取其他步驟，與其他形式的指引合作，重新以自己的其他面向與他人連結，這些人將比較能輕易地移出那個成形的頻率、那個引導的頻率。他們將會開始以有別於其星座慣常表達自己的方式，而且體驗到與平時大相徑庭的經歷，不同於他們聚焦在原本星座語言頻率時所體驗到的，不同於他們出生當天臨在於出生地點的內部頻率。

＊＊＊

傑佛森　就個人在這個實相中共同創造的能力而言，一個人一旦理解了創造如何運作，集體意識是否可以限制這個人去創造他想要的任何東西呢？

艾叔華　這個概念是，有一些集體協議，而你們可以引進迄今只能在「布景」之外、「舞臺」之外、集體「世界遊戲」的「腳本」之外運行的新概念，這不是就你個人可以了悟到什麼而言，而是就集體準備好以整體的身分了悟和體驗到什麼而言。就好像集體將會決定「目前，這些是我們將在這個時候接受的關於『生命』和『我們是誰』的概念，這些是你們可以分享，也可以用這些方式提出的表達」。

每一個個體都有機會契入和分享那些與集體選擇要探索的總體框架相契合的任何概念。實際上並沒有「密封蓋」罩住了一個人可以經歷的一切，但是集體可能不會欣然接受傳送過來的任何或一切事物。在比較深入的層面，集體理解到，容許新概念傳送過來很重要。人們可以自由想像、創造和連結到那些新概念，找到方法將這些概念分享給集體，那將會激勵集體或部分的集體，同時重新連結那些興奮雀躍地回頭了悟了更多關於自己究竟是誰的人。

在集體選擇繼續保持某些東西受限的範圍內，有些「途徑」（avenue）會被全體挑選出來，將會允許集體開始回「家」，或許是慢慢地，根據你們如何感知時間，但還是會回家。

隨著你們全都提升到更高的意識層次，你們的更高頻率開始像催化劑一樣起作用，打開一扇扇大門，迎接更浩瀚的信息，開始進入想像「人們將會比較和諧同調地體認到你們實際存在的本質」。那個概念將會來到他們面前，透過他們的想像力和夢境、白日夢、寫作、繪畫、音樂創作，或許是直覺地、自發地，乃至透過思考或冥想，或是與其他人或其他生命形式互動。這些新概念傳送過來給人們，然後人們找到方法開始分享給他人。如果那些概念與總體「腳本」相契合，而且集體意識接受了「新的概念是一種重新連結的形式，針對回歸自己實際本質的光之中而言，那是方便回『家』」，那麼人們將會接受那些人的概念，興奮雀躍地參與他們的活動、寫作和音樂創作。

但是，再說一次，如果有人連結到某種程度上屬於激進的東西，那麼集體通常會找到方法去踩滅或打壓他，因為集體還沒有準備好。因此，這樣的人通常能夠與其他人分享概念，但是就他們正在表達的概念而言，不會有廣大的聽眾或觀眾或讀者群。在你們未來的某個時候，他們的概念可能會得到你們集體意識的主流認可，然後會公然得到更多的關注。你懂得那個概念嗎？

傑佛森

我懂。在某種程度上，我們社會裡的某個人可能會有一些挫敗感滲入，於是對自己的自我說：「好的，所以我無法好好表達我的所有本質，以及所有我知道自己擁有的本領，因為其他人就是懶惰，或是集體意識就是想要再堅守老舊和限制性的概念一段時間。」

艾叔華

如果你可以體認到集體是你自己的一種表達，而當集體對你嘗試要呈現的內容不感興趣時，你只要體認到有一個你自己的面向，也就是那個集體，似乎對於你認為可以歡喜呈現的內容無動於衷，那麼就可以增強你的存在感和體驗感。體認到這一點，將會允許你穿越虛幻的挫敗體驗。

舉個例子，你可能會想：「我擁有這個超棒的主意，我覺得它更能代表我們的實際本質，但是當我談論它時，人們似乎只是賞我閉門羹。他們不會跟我一起參與。」

你與其感到挫敗，不如直接承認「興趣缺缺似乎是你的本質的一個面向」。你不妨考慮告訴自己這類的話：「或許這不是傳達這個信息的方法或時間。」然後從你自己的內在去邀請啟示現前，讓你看見還有什麼其他方法可以表達那些使你興奮雀躍的內容。此外，你要體認到，你的信息可能只是某個更大信息體的其中一則，所以要邀請其他信息進來，補充這個概念，然後允許你呈現更完整的畫面，讓大眾眼中的更多人願意接受它，擁抱它，與他人分享。這裡涉及許多因素。

如果你擁有某樣隨時令你興奮的東西，而且你努力對他人表達這東西，但是對方似乎沒有對你敞開雙臂來回應，請承認那一點，然後找到其他方法呈現它，或是找到新的東西來呈現以取代它。你要樂於運用開始湧入腦海的新點子去呈現它，這樣才能夠更進一步地將完整的概念呈現出來。當其他人變得比較願意接受時，你就會知道現在的時機比較適合提出那個原始概念。

此外，如果你探索其他途徑，可能會意外地發現，新地方的人們居然可以立即欣然接受那個原始概念，不需要等你加入其他免費贈送的想法，就可以將你想要分享的內容比較完整地呈現出來。你現在更能夠掌握這個概念了嗎？

傑佛森

是的。

艾叔華

盡可能做著最令你興奮的事！在每時每刻裡，竭盡全力跟隨你的幸福，竭盡所能。要盡全力完成你能夠完成的、你最樂於完成的。在每時每刻竭盡所能地跟隨你的幸福（bliss）。要盡全力完成你能夠完成的、你最樂於完成的。在每時每刻竭盡所能地跟隨你的幸福。

如果你遇到其他人不歡迎那個對你來說是跟隨幸福的活動，那麼你可能就是無法以你的幸福朝那個方向前進。所以接下來你要反問自己，我可以做什麼，而那是我在每時每刻裡所能做的事裡第二幸福的事呢？然後在有人正在分享或想要分享的地方，朝著你能夠做到的最大幸福的方向前進，只要重點是，你正在設法表達你希望他人與你一起分享的東西。所以，你需要找到方法，去對願意與你歡欣分享的人們好好表達。如果你做不到，那麼顯然那不是你能夠做到的最愉快的事，因為你無法在那個片刻裡，以你正在創造自身體驗的方式完成那件事。

當你在每時每刻做著你可以做到的最幸福的事，你將會開發出更多的技能，增加新的構想、新的成分，那將會為你帶來更大的成熟、更大的視野，你將會送出更大的振動、更大的興奮、更大的活力、更大的熱情，因為活出幸福體驗而帶來更大的繁茂。你的成熟度提升，然後一開始對你說的話不感興趣的那些人，現在基於某個原因，他們可能會因為你的話而興奮雀躍。這麼一來，你將會做著最令你興奮的事，在新的時機分享著你的信息。所以時機也是一個考量因素。

始終做著你能夠做到的最愉快的事、最幸福的事。如果你遇到人們似乎在某種意義上正關上那扇門，那就朝著你能夠做到的第二幸福的事前進。那將會始終引導你進入新的地方，學習事物並擁有經驗，而這些經驗將會為你帶來最大的喜樂、最足以代表你的最大潛力，以及你在這次化身中最恢宏的人生之路。你會發現，它對你來說最不費力、最振奮提升、最具有意義，也具有最大的使命感。

就你們永恆存在的本質而言，並沒有一個無所不包的目的是所有人類需要追求和完成的。意義和目的始終是由你決定、為你決定的，然後始終可以按照你選擇更改的方式更改。

當然，有些文化、群體和社會可以創建他們自己對目的及意義的定義，但是所有那一切要是跟「存在」的本質不相符，一定會轉瞬即逝，而且就跟任何一天的微風會改變方向那樣，一定會移動和改變。

✶✶✶

傑佛森｜嘿，艾叔華，談到提升、微風、風和美麗的事物，你現在在哪裡啊？

艾叔華｜我在哪裡？

傑佛森｜是啊！

艾叔華｜我在一顆星球上，它的位置跟上次我們討論這個概念的地方，有些不一樣。我今天所在的位置，跟另外那個地方相距不遠。它在同一個太陽系，而且是一對行星。這一對行星一起旋轉，彼此有引力作用，緊密地結合在一起，並且從行星體驗的立場、觀點、視角，共享某些類似的經驗。

不過，在這個太陽系中，這顆行星能夠看見的來自其恆星的陽光比較少一點。它通常比較涼爽一些，但是我覺得非常撫慰人心。它的重力比較小，但差異非常少，而且距離它的太陽比較遠一點，使我踏出的腳步可以更輕盈一些。我並不是每次都接觸到這顆行星的表面，它的表面具有非常容易飄浮的特性，即使是在我確實觸碰到它的時候。通常，我很容易就沒有觸及它的表面，而是走在表面上方幾英吋的地方。我現在躺了下來，也可以輕易地坐起來，而且不接觸到行星表面。依照你們的度量計算，我現在大約是在地表上方一英吋（約二・五公分）的地方，而且感應到一股電磁流。在我的身體與下方幾英吋的土地之間，有一種嗡嗡作響的感覺。這顆行星的表面非常撫慰人心、非常撼動共鳴、非常柔軟和煦，它具有一種緩慢的振顫感。我感應不到任何的色彩，但是我感覺到它具有一股柔軟緩慢的按摩感。天空中，有某樣跟你們世界的雲朵很類似的東西，但是這些雲朵通常比較氣態，比較像蒸氣，而且色彩豐富許多。它們不是如同你們在一天的這個時候通常會看到的白色和灰色，因為現在這裡接近正午，而雲朵，這些蒸氣般的氣態雲，容易展現出類似彩虹般的色彩，但是沒有高黃色（high yellow）及橙色、紅色。這個彩虹般的色彩通常是藍色和綠色調，帶點紫羅蘭色和一些柔粉色。紅色、橙色和黃色都在，但是因為這顆行星的大氣頻譜的關係，我們的眼睛看不見。

這些氣態雲有能力真正承認我們的臨在。如果我們要打招呼，它們會以獨一無二的方式回應我們。它們非常友善，非常有魅力，非常討喜，它們非常樂於有這樣的體驗。當我們在這裡時，不會一直看見它們，但是我現在確實看見它們了。它們似乎覺察到你和我之間的對話正在發生。我沒有感應到它們知道我正在跟誰說話，但是我覺得它們知道我在談論它們。或許這有點像是你在談論你的寵物狗或寵物貓，而牠們看著你，好像感應到你在談論牠們。

傑佛森 所以你從那裡跟我談話時……噢，在我談到那裡之前，讓我先問你這個問題，你怎麼到達那裡的？

艾叔華 我只是從聲音、頻率、光等方面，覺知到這個地方的座標，於是我調頻進入那些座標，那樣做就會帶我進入這個地方、這個實相。打個比方，如果你想要觀賞電視上某個特定的節目，或是收聽收音機上某個特定的廣播節目，你只要按一下按鈕，然後讀取那個節目的精確座標即可，座標已經被輸入到那個你與之互動且持有那些座標的程式設計技術、微型晶片、半導體、電子設備、電腦化儀器之中。我們以不同的方式持有那些座標。我們只是覺知到它們。如果你想要收聽不同的廣播節目或觀賞不同的電視節目，只要按下新座標的按鈕，運用你的技術調頻進入新的頻率座標，進而改變廣播電臺或電視的頻道，新的頻率焦點就會將那個節目帶進你的體驗中。它將會在那裡，與你一起在房間裡。

傑佛森 好的，原來如此啊！你剛才說雲朵有能力承認你，甚至是正在跟你說話的那個人。

艾叔華 它們確實是這樣啊！即使是現在我跟你說話時談到它們，我也感應到它們體認到我正在談論它們。同樣的，這很類似你在你們的世界上跟某人談論你的寵物貓或寵物狗，說你有多愛牠，在那麼做的同時，你可能會感應到你的寵物體認到你正在談論牠。我們跟這些氣態雲、這些彩虹般的彩色雲，也有那樣的體驗。

✶✶✶

傑佛森　在我們溝通的過程中，你只是聽見我的聲音嗎？還是你可以真正看到我？也看得到我的雙手和臉部的動作？

艾叔華　我有一套視覺系統，可以查看能量體以及你目前向外送出的生理信息、你專注聚焦的地方。那是我主要觀察的內容。所以我不是在看攝影機看到的內容，我看到的你，與在你房間裡注視著你的某人所看到的你，是不一樣的。

那種觀看方式是我們可以做但很少做的事。如果我們進行那一類型的視覺觀看，通常是在當事人已經同意那麼做的時候。如果我們是一個團隊，有幾個人類在場，我們可能會啟用那一類型的觀察技術。

我只是以我理解的某種能量形式和色彩變化來觀察你。色彩變化是一種信息，為我提供你的人格、特性等面向的信息。所以就好像其他人運用他們的生物機體、物質身體，與你進行非語言的溝通，你可能會從對方身上得到非語言的訊息。只是觀察你身體存在的能量學和你的精微體（subtle bodies），也就是你精微多彩的身體，我就能夠溝通交流，了解你的表情和想法。這麼一來，我們這麼做才不會侵犯到你的隱私。因為我們感覺且了解到，如果我們在那裡架設幾臺攝影機，可能會因此侵犯到你的隱私感。

你們星球上，有些人天生有能力感應到我正在觀察你的這些色彩能量的一部分。他們有能力在平時的任何時刻，以這種方式觀察你和其他人。所以我動用的並不是某項外來的高科技通信和觀測技術，它是你們星球上的人們已經運用到某種程度的東西。

傑佛森　好的，那麼當你與我溝通時，我看起來像什麼呢？你有看到任何形相嗎？

艾叔華　我看見一個橢圓形的光，不是很圓。它具有從內向外散發的閃光，有點像是在你們的太陽照片中，看見閃焰從太陽的球體散發出來一樣。我看見的橢圓形光，與你身體的形狀很接近，然後從那裡有閃光散發出來，但是不像從太陽表面射出的閃焰那麼激烈且有火焰出現。它們從你的身體散發出來的方式比較柔和一些、比較緩慢一些。有時候，有些是非常快速的，閃電般的快速，光速快到如同你們世界裡計算、記錄和定義的光速，大約是每秒十八萬六千英里（約三十萬公里）。所以，偶爾確實有些光是快速地從你們的身體射出，但這不太是你目前的存在狀態，因為那只是許多人類身體在日常生活中發生的事。

你的身體周圍有一抹與你的身體形狀相似的原色。這顏色是一種紫羅蘭色，略帶靛藍，但是有一種非常鮮豔的特質。它絕不是柔和的色彩，調色板上的某些靛藍色在相較之下可能感覺起來有點柔和。你的原色可以更改，也的確會起變化，但此時此刻，它是非常深沉鮮豔的靛藍和紫羅蘭色調。還有其他有形狀且變化相當快速的色彩，這些其他色彩會移動位置，可能在你的頭部周圍、軀幹周圍、雙腿周圍、雙腳周圍、雙手周圍、手指頭周圍、腳趾頭周圍、毛髮周圍。它們可以改變形狀和大小，變得非常小，例如可能會聚焦在你的頭髮末梢附近。它們可能會變得非常大，有時候甚至完全覆蓋掉我們剛才談到的紫羅蘭和靛藍原色。這種變化與你的感覺、心念、生物機體當時的狀況有關，也與你的存在的某些直覺特性有關，例如，你的心靈本質、性方面的本質、非物質身體的靈魂本質。

有時候，這些色彩是球形的，其他時候則是長橢圓形。邊緣不是正方形或矩形，它們的邊緣不是那個樣子。我們其實沒有看見你們會有三角形或正方形那種非常尖銳的邊緣。就那一點而言，這些形狀和色彩往往是比較不明確的。它們具有來來去去的能力，快得跟你們來來去去的念頭和感覺一樣，因為它們時常與你們的念頭和感覺相關聯。多年來，我們學會了理解它們的含義，我們能夠翻譯它們。當我們處在你們存在的某一個特定區域周圍，看見特定的形狀和色彩時，就可以將其關聯到你們或許正在升起的某個特定念頭，或是你們正在升起的某個特定感覺。因為你們可能有那麼多的念頭和那麼多的感覺，因此有許許多多的這些形狀和色彩來來去去的。它是相當龐大且變化多端的。

只要你開始學習認識所有不同的形狀和色彩，以及它們坐落在身體附近的哪個位置，還有它們是什麼意思或暗示你們正在體驗和表達什麼，這會是一種非常浩瀚的語言。你們用這種方式表達的是一種非常浩瀚遼闊的語言，而且是一種你們可以學習的語言。

傑佛森｜所以這個精微體，就好像是你看見一個乙太體（etheric body），它可以表達各種形狀和色彩。它可能是我自己以不同的頻率投射出來的嗎？

艾叔華｜是的。

傑佛森｜所以根據色彩、形狀，以及它們在我的物質身體周圍的位置，你可以理解我的念頭、感覺、自發表達，以及與我的心智意識系統相關聯的任何東西，所要傳達的概念嗎？

艾叔華｜通常是如此。根據我們的經驗，我們看到的，與你正在經歷的內容之間有某種連結。

傑佛森｜這些色彩是你借助你們已經建立的某種投影技術看到的嗎？還是它像是你可以自由地在空中看見的全息圖像呢？

艾叔華｜有些技術裝置已經被設計和組合起來，可以做到這一點，但我現在不是動用任何那樣的技術。那些裝置是我熟悉的東西，我之前也曾經使用過。有時候我們會動用那樣的裝置，做為取得不同視角的一種方法，去理解在我們觀察你們正在表達的這些色彩同時，你們可能正在經歷著什麼事。

有時候這項技術會被當作覆蓋物來使用，疊加在我們如何觀察你們之上。那會有點像濾鏡，例如色彩濾鏡。你們的世界裡有些人有相機，他們可以拍攝一張日落照片，產生的影像有某種特定的色彩或色調。如果他們在鏡頭上加濾鏡，然後拍攝同一張照片，就會得到不太一樣的視角，不太一樣的照片。我們有時候會以那樣的方式，應用這些科技裝置，那會在我們從你們那裡觀察到的內容套上一些色彩。那可以為我們帶來一些不同的想法。我通常不動用任何科技裝置。在我們的社會裡，不使用任何技術裝置就可以看見這些色彩的能力，基本上是與生俱來的。

傑佛森 你現在是在你的心靈之眼，還是在你的想像中看見我？還是你看見的是我好像實際上跟你一起在這個房間裡？

艾叔華 我沒有在我的面前投射你的全息影像。所以它有點像是想像力，如同你大致上理解的想像力那樣。就那層意義而言，你知道你現在在物質生命中體驗到的任何東西，都是將你的想像力投影到多維球形銀幕上的結果。它有點像是人們在進入靜心冥想、用想像力探索視覺世界時，通常會在「第三眼」體驗中看到的影像，有點像是那樣。主要差別之一是，我知道我在與你連結時所想像的畫面是真實的。就那一點而言，它是一點一滴都寫實到好像我就是一直坐在這裡，跟你一同在房間裡，一直以一種實體的連結、實體的人對人視覺接觸來直接觀察你。

✴✴✴

傑佛森 好的，原來如此。是啊，我了解你的意思。那麼，你之前說過，你目前所在的星球，是在你們的太陽系之中。地球是最接近我們太陽的第三顆行星。你所在的這顆行星，與它的太陽及其他行星的關係位置在哪裡呢？

艾叔華 它是第十五顆行星。

傑佛森 第十五顆？

艾叔華 以及第十六顆。

傑佛森 雅耶奧行星是第幾顆呢？

艾叔華 相對於我的世界來說，我目前置身在一個遙遠的太空區，而且我現在比較靠近你們的太陽系。

傑佛森 在與你們的太陽的關係中，雅耶奧行星跟其他行星相較，是在哪個位置？

艾叔華 我們是第七顆行星。

傑佛森 第七顆。好的。在我們的太陽系裡，據我們所知，有九顆行星，也許還有更多。這樣說是否恰當？比較靠近太陽的行星是比較進化的，那些行星上的存有，也比離太陽較遠的行星和存有更為進化？

艾叔華 你可以根據某些參數創建一套進化分類系統的概念，然後根據你選擇創建的那些進化分類系統，來說某顆行星比另一顆行星更進化。但是，那套系統對其他世界和其他生命形式來說，將是毫無用處的。那只不過是一個概念，說明地球上的你和人類決定把這些兜在一起，用來自娛自樂，用在自己的歷史，用在自己的科學研究，為的是擁有特定類型的體驗。

那些行星本身不見得會像人類那樣承認那套系統。就那方面而言，它們不一定會覺得其中一種比另一種更進化。它們全都是基於不同的原因而以不同方式的表達，而且它們通常與時俱進，了解正在發生的事。它們甚至了解地球這顆行星是怎麼一回事。

它們以願意開始與地球人分享的多種方式，領悟並理解生命。地球人可以開始對「這些行星是誰」有更多的了解，與自己賴以維生的星球之意識有更多連結，也與一起在這個特定太陽系中共存的各顆行星有更多連結。

那些行星有許多話要說，有許多事要分享。就地球人已經創建的時間線而言，它們經歷過許多事物。它們知道，運用它們肯定要分享的故事，運用它們每天持有且一起通過你們的太陽系的視角和能量，將可以豐富和啟發人類。它們是非常活躍和清醒的，與自己的生命境界和諧同調，並穿越時間和空間去旅行。

傑佛森

在這個太陽系中，我們有水星、金星和地球，還有火星、木星、土星、天王星、海王星和冥王星。所有這些行星都有生命居住嗎？如同我們所知的地球上的生命，但或許在不同的頻率上？

艾叔華

在你們的太陽系裡，我們沒有在其他行星上觀察到那一類型的生命。當然可能會有幾次的探訪，的確有一些有意識的存有，但那些與你們的物質表達不太一樣，他們在不同的時期確實居住在其中幾顆行星上。從我們的經驗得知，很可能那裡有我們還沒遇過的生命形式。那些行星中的任何一顆，甚至是每一顆，都可能有生命形式，只是我們還沒有遇到罷了。但是再說一次，我們並沒有感知到類似於地球人類的概念，或是目前在你們的時間線中存在於地球上的動物或植物形式，經常生活和居住在你剛才談到的其他八顆行星的任何一顆上。

✦✦✦

傑佛森

我想談談今天的最後一個問題。之前我問過你，我們需要什麼條件，才能和平地、敞開地、眼對眼、肩並肩地會面。你說，那需要的時間似乎比我預期的還要長，但是，自從我們忘記銀河家族以來，已經有好幾千年了，一、二十年其實不是很長的時間。我想知道為什麼需要花那麼長的時間呢？我了解，我們的集體意識之間有一份協議，就那方面而言，或許敞開、和平、實體的接觸，並不是今天集體所做出的選擇，但是那如何影響正在選擇擁有非公開實體接觸的個人呢？有什麼機制限制了個人如今無法在非公開場合繼續與你們會面呢？

艾叔華

我們有感應到適當的時機，但那有點超出你們世界目前的學習狀態。我們理解到，你們遲早會開始調頻進入那個理解的頻率。它純粹是變得日漸與你們的本質和諧同調。你們的世界已經選擇了與我們公開接觸，而你們正朝著那個會面前進。當你們達到那個理解的境地時，當你們認識到「你們是誰」和「生命是什麼」的某些應用時，就會有一個非常清楚和明顯的時刻，屆時，與你們個別會面，以及敞開、公開、和平的接觸，對我們來說會變得非常有裨益。

所以我們絕不會暗示說，你們現在不是聰穎的或傑出的。在某種意義上，只是你們在那些方面的理解還不夠，還無法為你們保有最大的價值。你們還沒有辦法充分地讚賞和取得最大的進步，也還沒有辦法好好利用那次相遇，沒有辦法以此充實和提供動力，讓你們的未來以一種對你們更重要、更有價值，對你們和你們的集體社會更充實豐富的方式，向前邁進。

所以，在某方面，我們理解你的想法：「為什麼不直接會面呢？有什麼大不了的？現在就見面吧！我們處理得來的！那一定會是興奮雀躍的！你們有那麼多可以分享，我們有那麼多可以學習啊！」我們理解那個視角，但是我們要提出，當實際會見你們的時間真正到來時，你們一定會非常清楚地理解之前沒有準備好的一切事物。你們只是現在還不在那裡。當你們準備好、會面真正發生時，你們就會很清楚，今天的你們並沒有充分準備好。有那麼多的元素，有那麼多的細節，有那麼多的原因，這些與人類心靈非常微妙且複雜的特質和面向有關，包括身為個人和身為集體人類。它們是非常、非常、非常的微妙，非常的錯綜複雜，但對於你們可以體認到，並再次成為平易近人、覺知明智，再次成為大師，具有莫大的力量和重要性。

傑佛森——你能不能為我們帶來更多的信息，談談你之前提過的，關於公開接觸的方程式？說那個方程式可能發生在，我們的幾個光年內除以地球繞行太陽公轉軌道的分數率的這段時間之內。關於那一點，你能不能多談一些？

艾叔華

你擁有的每一次經驗，都有一個相對的數學公式或元件。有一個聲音和光的頻率，具有特定的數學面向。你現在不需要知道那是什麼。有些人不會想要知道的。他們對數學和公式沒興趣。

打個小比方，「1＋1＝2」是一則你可以理解的完整公式。對你來說，它是一則條理清楚的公式。在你看來，它有道理。你可以將聲音頻率組合在一起，然後體驗一加一等於兩個客體的經驗。它們不是真的在那裡，你只是正在創造它們的體驗，你正在利用聲音和數學公式來實現「1＋1＝2」的體驗。一顆蘋果加一顆蘋果等於兩顆蘋果。一顆柳橙加一顆柳橙等於兩顆柳橙。那些是你理解的公式。那些是你在意識中運作的聲音，為的是創造那個圖像，那個物理上的物質客體關係。你將一顆柳橙放在桌子上，又將第二顆柳橙放上去，那對你來說等於是二。那是一個數學頻率，一則公式。

有一則公式可以導出適合我們見面的時間。有一個聲音，有一個頻率，有一個調號，而且它是一則公式，不像「1＋1＝2」那麼簡單。它有點像是在說，當你們準備就緒時，加上當我們準備就緒時，那等於是我們在一起。當你們有能力調頻進入那則數學公式時，加上當我們所在的位置也可以調頻進入那則數學公式時，就等於我們雙方一起在那裡。

然後，由於它與你們的地球在繞行太陽公轉軌道的分數率相關聯，那指出，你們的地球在繞行太陽公轉的軌道上的某個位置，有著相當重要的關係。同樣重要的，還有你們的太陽所在的位置，與它的軌道和其他行星的關聯，以及你們的太陽在銀河系中心的位置，以及你們銀河系的中心與其他銀河系中心的關係。這些都只是數學公式。每一個銀河系以及太陽、地球，都有數學公式。當你調頻進入這些公式時，就可以體驗到它們在你們的物質世界中表達出來。

因為我們會面的那則實際數學公式是非常龐大的，所以我們並不期望你們一開始就能夠像「1＋1＝2」那樣簡單地記錄下來。我們感知到你們能夠理解那個概念的那一天會到來，屆時，它對你們就會像是一顆柳橙加一顆柳橙等於兩顆柳橙一樣簡單。

你們的準備就緒加上我們的準備就緒，等於我們雙方共同接觸。

傑佛森 你們可以推開未來的大門，看見潛力和機率的腳本嗎？也許今天就給我們一些暗示，暗示哪一個外星人最有可能成為第一支在這裡公開與人類接觸的種族？以及那件事可能發生在大約什麼時間？

艾叔華 根據我們世界與你們世界目前的協議，部分接觸的時間是在二〇二〇年之前。對我們的世界來說，基於許許多多的原因，雅耶奧人已經獲選開始經歷這樣的接觸。

傑佛森 被選中了嗎？

艾叔華 被你們的世界以集體的身分選中，也被我們的世界以集體協議的方式選中。我們感知到，某些個人接觸將會在二〇一二年之前，而且個人接觸最初將會在一些與你們星球上的某些能量中心相關聯的地點開始。其中某些能量中心是眾所周知且被廣為宣傳的，其他能量中心則尚未公開揭露。根據你們星球目前的時間，有些能量中心根本還沒有被人類發現。一部分這些互動將會發生在非能量中心所在地。

「能量中心」（power center）是非常高的能量旋渦，在某種意義上是機會的窗口，我們也稱之為「能量區」（power place）。它們是你們的星球上能量極大的地點，大到就像是通往其他實相的窗口。這些地點會促進一個人敞開覺知的能力，讓他們能夠遇見並重新連結到更浩瀚的概念，以及其他世界，還有其他形式的生命表達。

傑佛森

太好了！所以你們是最有可能成為第一批公開接觸人類的社會之一。真是令人興奮啊！

艾叔華

現在的概念是這樣，與雅耶奧人敞開、公開、和平地接觸。你們體認到我們在場的一件事，已經正在發生。一九九七年在亞利桑那州鳳凰城上方，你們經歷過「鳳凰城之光」，二〇〇七年又在那個區域上方再次發生，這些視覺接觸目前都記錄在網際網路和 YouTube 網站上。

有許多人親眼見證了我們以那樣的形式在場，將我們的在場呈現給你們世界的意識。我們有感覺到，而你們整個集體也在更高的超意識上感覺到，這類視覺接觸是開始讓實際接觸變得比較自在的一個方法。所以，「鳳凰城之光」是我們開始將那個實相引進你們的意識的方法之一，而且是的，你們有已經進入太空的地球兄弟姊妹，他們現在正在找路回家，期待歸鄉與你們團聚。

傑佛森｜知道這件事真好！所以你是說，「鳳凰城之光」目擊事件，也就是出現在鳳凰城上空那艘一英里（約一・六公里）寬的航空器，是雅耶奧家族的一部分。它們實際上來自你們的星球嗎？

艾叔華｜首先，有其他外星存有在那艘航空器上，另外，再說一次，那艘航空器不是我們唯一擁有的航空器類型。我們根本不需要航空器，但是航空器確實能允許其他生命形式，各式各樣的生命形式，一起共存在一個空間裡，同時以一種可以呈現給在那裡的地球人觀察到的形式存在。我們使用的那艘航空器，具有某種形式、形狀、外觀和材料，使它更有助於在太空船上的我們全體一起出現在上頭，同時又有一種彼此融合的體驗。就那方面而言，這艘太空船方便我們全體在同一個時刻體驗到某種類型的團結。

傑佛森｜非常好。真是非常充實的一天，現在是該離開的時候了。臨別前，你有沒有什麼想法？或是還有什麼想要告訴我們的？

艾叔華｜有！明天我們會再次與你們同在！

傑佛森｜太棒了！我只有一件事要告訴你！

艾叔華｜什麼事？

傑佛森｜Yah oohm!

艾叔華 Yah oohm!

傑佛森 是啊！

艾叔華 感謝你與我們分享在我們的經驗中等於是豐富的一種語言。Yah oohm. 保持喜樂，我們用你們的語言與你們分享！莫大的喜樂啊！親愛的，滿滿的愛喔！直到我們再次以這種方式在一起，通話完畢！

傑佛森 太棒了！感謝你！向那些雲問好喔！

艾叔華 好的！它們正在聆聽！

傑佛森 太好了！再見，艾叔華。謝謝你再次光臨！

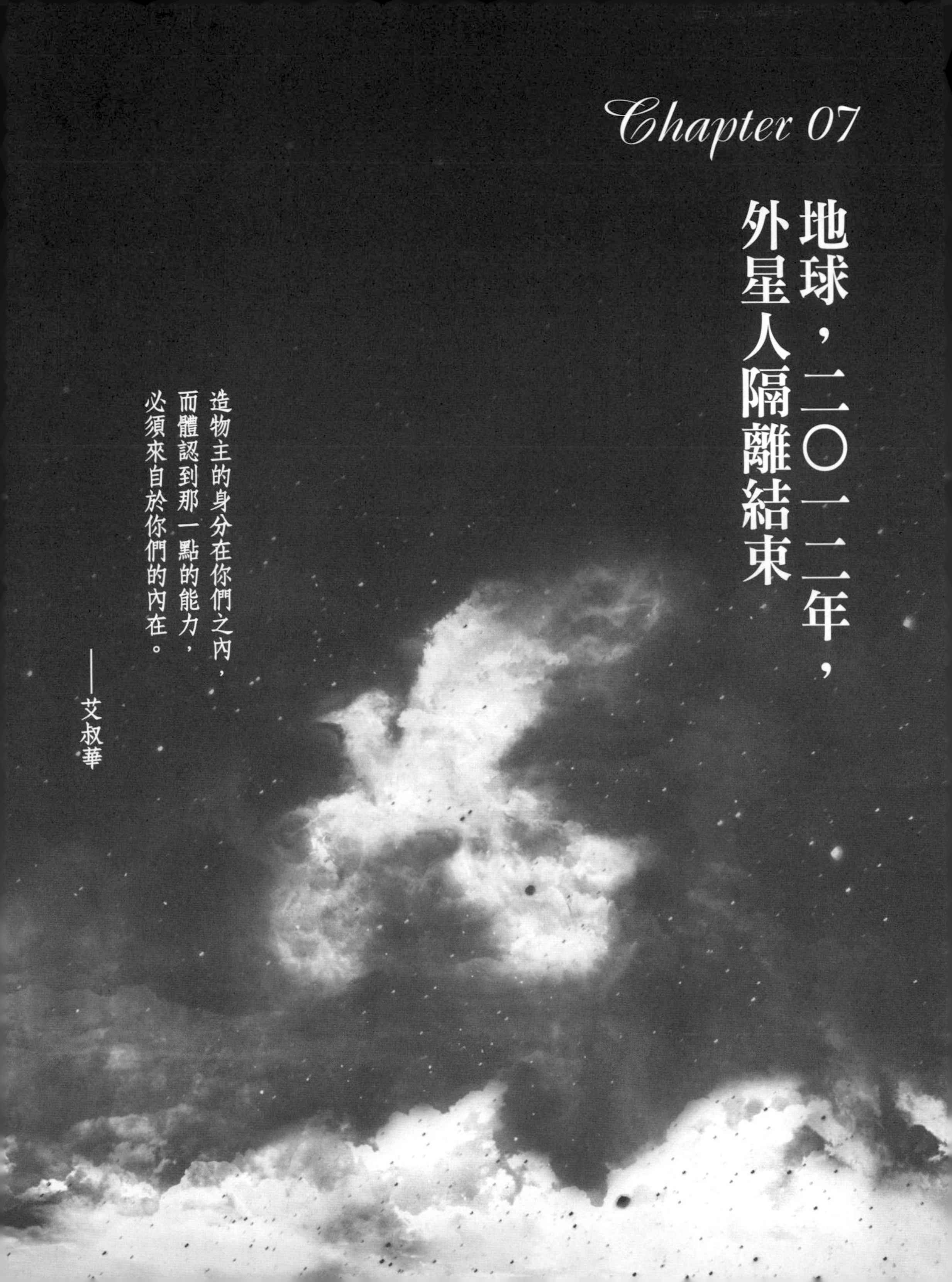

Chapter 07

地球，二〇一二年，外星人隔離結束

造物主的身分在你們之內，
而體認到那一點的能力，
必須來自於你們的內在。

——艾叔華

艾叔華　你們時間的今天下午，你好嗎？

傑佛森　很高興有機會再次與你互動！

艾叔華　感謝你！以這種方式交融、互動、分享，始終是讓人高興的。對今天參與的人們來說，以及因為你們全都創造了「未來可以存在」的感知，而在未來的某個時候有機會分享這個信息和這些能量的人們而言，這會是充實豐富的。在你們時間的今天，你們希望如何向前邁進呢？

傑佛森　你是否認為，隨著我們的進化以及愈來愈了解自己，我們將會開始放開那些阻止我們在個人層次和社會整體方面創造出「豐盛」的偏見、評斷，以及奠基於匱乏的信念系統？

艾叔華　是的！那些將不會是你們的功能、你們的振動、你們的覺知的一部分。就那層意義而言，它們將會徹底消失。

傑佛森　不是因為我們試圖排除什麼，而是因為我們囊括了一種接近生命的不同方式，對吧？

艾叔華　是的，那個概念是，你們選擇一個不同的頻率。你們知道這個選擇是可行的，它是你們領悟到的自己所偏愛的選項。因此，你們選擇它，你們偏愛它，你們偏愛成為與你們的實際存在狀態比較有共鳴的頻率。當你們領悟到實際上真的有比較愉快的選擇時，你們便會找到方法去處在那個頻率之中，處在那樣的經驗裡，為自己創造那一類型的實相。

傑佛森——在此同時，揚升（ascension）會是一個囊括一切的過程，而不是排除掉沒有用的任何東西。換句話說，你不是將恐懼擱置一旁，而是把恐懼囊括在內，而且透過理解恐懼，你可以管理自己。

艾叔華　你愈是領悟到自己是誰，就愈沒有恐懼。恐懼是虛幻的經驗，是對你的實際本質的妄見。所以，你接下來並不會將恐懼擱置一旁，只是允許自己免於創造恐懼的妄見、恐懼的幻相。

✱✱✱

傑佛森——太好了！現在讓我來問問其他問題。你們社會裡的個人是獨自一人自由地駕駛太空船嗎？還是比較像是在我們的世界裡，必須先上課學習如何駕駛飛機，然後在管理機構的監督下才能獲准飛行？

艾叔華　我們沒有那種組織，沒有那種類型的管理機構，告訴我們什麼可以做、什麼不能做。我們全部一起互動。我們全都是自我管理的，這容許我們以似乎有人監管的方式共存，但是就那方面而言，並沒有立法者組成的團體為我們的人民和社會做決定。

我們不需要被告知或提醒什麼是可以的、什麼是不行的，什麼可以做、什麼不能做。我們不違背「存在」的法則，也就是「創造的四大法則」。我們與自己的實際本質是非常同頻同調的，因此這些宇宙法則和內在的心的指引機制，在某種意義上，是一套自動的、愉悅的、自治的系統。我們只需要保持與自己的心同頻同調，而這對我們來說是自動發生的。我們一直覺知到這些概念，持續了很久的時間，持續了許多世代，而且它們是我們與生俱來、在很小的時候就會操作的東西。你懂得這個概念嗎？你很清楚地了解到我對你的問題的答覆嗎？

傑佛森｜我想我了解。

艾叔華｜你認為你了解嗎？還是你對那個答案了然於心呢？我還有什麼可以補充的？可以更進一步釐清那個概念？

傑佛森｜有啊。在你們的世界裡，想要駕駛航空器的人，是否都有航空器可以使用？

艾叔華｜嗯，我們沒有那麼多金屬結構的航空器。

傑佛森｜噢。

艾叔華｜你們世界上的某些人已經實驗過用特殊類型的物質材料打造飛碟。我們通常不操作屬於那種結構狀物質或那種能量密度的太空船，但是我們有時候會使用。當然「鳳凰城之光」就是這類航空器的一個實例。那些類型的航空器少之又少，而我們使用那些航空器的目的，主要是讓其他種族、外星存有可以登上一艘太空船，然後我們可以全體在一艘太空船內體驗某種共享的經歷。

擁有那種航空器的主要原因之一是，我們可以成為主人，讓外星種族加入我們，擁有某種共享的經驗，觀察和學習其他社會，例如你們的世界，例如在一九九七年和二〇〇七年的那些經驗中，我們在鳳凰城上空執行的。相對於在天空中目擊到航空器之類的事件通常會接收到的關注量，那些事件得到了大量的關注。

有一些航空器接近金屬結構，但數量非常少，它不是那種我們社會上的每個人都渴望進入且在某種意義上擔任船長、坐鎮指揮艙的太空船。

至於能夠從某顆星球移動到另一顆星球、能夠擁有那種太空船、某種關係，那是我們每個人通常在三或四歲之後就能夠做到的事。

傑佛森　所以你們只需要渴望它，然後就可以擁有了嗎？似乎你們不必付錢給某人，然後去上課，花一段時間學習如何駕駛？

艾叔華　駕駛並不是重點。重點比較是改變我們的頻率焦點，然後就會在另外那個地方了。再說一次，它可以追溯到公式的概念。每一則公式都有某種特定的經驗表達，所以我們能夠在任何特定的時刻，輪流聚焦在不同的顯意識實相公式。這讓我們能夠從一個點、一則公式，去到另一個點，去到似乎是另一個位置，去到等於是另一則公式、另一個聲音頻率的另一個地方。可以說它是另一個振動的實相。

傑佛森　好的。

艾叔華——所以我們沒有好幾艘航空器。我們只是能夠聚焦在某個經驗的點位，然後去到另一個經驗的點位，並體驗那個我們選擇聚焦的實相。那看起來好像是我們有一架時光旅行機。但那並不是我們實際上所做的事。

傑佛森——原來如此。

艾叔華——這些是概念、功能以及旅遊形式，在你們世界的時間裡，你們全都朝著這些邁進。我們感知到它們是你們社會正在前往的主要焦點和動力。你們全體都將能夠做到，凡是渴望的人，凡是對這有興趣的人，都將開始能夠做到這一點。為了讓你們全體都能夠做到，集體意識開始允許這些概念慢慢地流淌回去，重新連結到你的覺知，這麼一來，你們就可以憶起該怎麼做到。根據我們感知到你們社會目前的進度，這件事將會需要一百多年的時間，你們星球上的多數人才能夠做到這種旅行形式。

＊＊＊

傑佛森——嗯，你說我們將會憶起該怎麼做到。你是不是回溯到亞特蘭提斯（Atlantis）時期，當時的科技——

艾叔華——根據我們觀察你們的亞特蘭提斯時期，這並不是當時的一種旅行形式。他們確實有航空器，能夠到處移動，有點像是你們今天能夠搭乘直升機和飛機一樣，但是他們有不太一樣的科技，不太一樣的航空器形狀、大小、顏色，以及航空器結構內的座位模式。但是，當時的概念是，他們有一艘外部太空船，而他們要進入太空船之後，才能夠從你們星球上的某個位置，移動到你們星球上的另一個位置。

傑佛森　那些船是靠燃料運轉，還是——

艾叔華　有一個外部燃料來源，是的。就那一點而言，他們並沒有契入「自由能源」（free energy）的概念。他們很接近那個概念，正在實驗其中的某些想法，但是再說一次，他們還沒有達到某個層次的精神靈魂連線或成熟度，無法真正做出必要的跳躍，無法利用那些類型的自由能源技術。他們無法以允許他們成功利用這些技術的方法，適當地取用這些技術。他們有做出一些嘗試或實驗，為的是好好利用可以靠某種自由能源燃料來源而四處移動的航空器，但是沒有成功，因為他們的靈魂層次，以及他們對「自己是誰」的理解和成熟度，還沒有達到足以支持與自由能源頻率連線的高度。所以那些實驗遭遇到了一種崩潰和失敗感。實驗並沒有像他們希望的那樣成功。

✦✦✦

傑佛森　那麼這樣說是否恰當？科技的進展，只能跟隨著社會的心智發展、靈性綻放以及意識的層次？

艾叔華　是的，那些是重要的組件。

傑佛森｜科技可以走得很遠，但是如果社會沒有某個特定的、容許的意識層次，科技就無法維持下去嗎？

艾叔華｜容許的意思，是容許他們更加連結到自己浩瀚的本質。

傑佛森｜是的！

艾叔華｜容許他們較真實的本質透過其覺知狀態和感覺狀態出現。關鍵在於，接受這些存在於你內心深處的組件，而不是壓抑那些美好的理解，避而不談，對待它們像是你心靈的陌生面向。讓較真實的理解能夠在你們物質實相的結構頻率內自由地流動和飛翔，是至關重要的。

傑佛森｜是的。

艾叔華｜當一個人所在的頻率，容許自由流動地表達自己是誰時，這個人就不會遇到障礙。於是他們能夠更自由地、更不費力地到處飛翔，這不只是針對他們的感覺、想法，以及進入其覺知狀態的靈感而言，也針對他們移動自己的身體、從某個位置旅行到另一個位置的方式而言。

＊＊＊

傑佛森｜好的。關於在地球上公開、和平地與你們或是生活在其他星球上的任何其他人類接觸，是否有某種調節機制，例如「基督意識」，可以自動地調節什麼人和什麼東西可以來到這裡拜訪我們？還是地球敞開來迎接想要來到這裡與我們實際接觸的任何人？

艾叔華 在你們對歷史的感知中，任何特定時間點的行星頻率都會有一種獨一無二的振動，而且那個振動將會決定行星敞開來接收什麼，包括什麼類型的航空器、什麼類型的種族、什麼類型的外星人、什麼類型的其他生命形式，在當時能夠共鳴並出現，成為那個交融的一部分，成為那個物質實相分享和經驗的一部分。你懂得那個概念嗎？

傑佛森 我懂！

艾叔華 謝謝你！

傑佛森 有鑑於人類目前的意識層次，應該很適合問你這個問題：是否有負面導向的外星存有正行走在我們之間和地球的範圍內？

艾叔華 有一些外星人不見得將你們的最佳利益列入考量，但是就他們的感知而言，那並不是他們參與了某個負面行為。負面性只是一個觀點。就那一點而言，對一個人負面的事，可能對另一個人是正面的。所以他們不見得是正在設法對你們不利，而且就那方面而言，他們並不是負面的。他們只是忙著為自己歸納那些對他們來說是感覺正向和提升的經驗，但是那些經驗多半並沒有將你們列入考量，只依據他們追求的是什麼、他們的行動取決於什麼。

傑佛森 原來如此，好的。我會認為，我們在地球上製造的貪婪、腐敗、權力濫用、戰爭、毀滅的振動，一定已經發出了「創造通道讓這些類型的社會可以進入」的信號。

艾叔華 凡是專注聚焦在那些爭戰概念的社會，在太空或星際旅行方面的能力都是非常有限的。他們通常會受限於金屬航空器，無法以他們的心體（heart body）、光體（light body）從一個位置移動到另一個位置。

傑佛森 怎麼說呢？

艾叔華 嗯，他們勢必無法透過較不費力的流動往更高的頻率移動；如果他們想要不使用航空器，就輕易地從一顆星球移動到另一顆星球，必須有意識地與那些頻率產生共振才行。他們勢必無法單純地調頻進入某個位置，然後突然間顯化在他們選擇調入的新位置。爭戰心態的社會，勢必無法存取做到那一點所必要的更高頻率層次。在不使用金屬航空器的情況下旅行，需要當事人處在較高的頻率、較高的流動性、較高的不費力之中，而且更常處於「存在」的實際本質的流動中。

在某種意義上，在「存在」的本質及其物質結構之內，有一些近乎天然的障礙。它們就像是一道顯意識的理解之牆，提供一道障礙，阻絕了那些對自己的實際本質還沒有達到某個足夠的理解高度的人們。穿越這一道顯意識障礙的唯一方法，是擴展個人對自己本質的了解。當他們充分做到那一點時，就能夠穿越那道牆、那道障礙，好像它當初根本沒有存在過。

✱✱✱

傑佛森 好的。那些不將我們的最佳利益放在心上的外星類型，當他們造訪地球時，是否必須對我們有所隱瞞？

艾叔華 不一定，但是再說一次，我們談論的是極少數的個人。目前有足夠數量的你們，可以運用種種方法聚焦在正向的光明和實際偏愛的事物上，例如跟隨你們的心，這麼一來，那些少數人就沒有能力影響你們，包括當前在你們社會中具有巨大影響力、可以決定什麼是真實或不真的、什麼是可能或不可能的媒體和教育體系，也沒有能力影響你們。

有許多人指望媒體和電視來決定什麼是真實或不真的、什麼是實際上會發生的或什麼是不會發生的。就那方面而言，這些人還沒有學會留意自己的內在，以此為自己和他人決定什麼是可能的、什麼是不可能的。他們還需要領悟到，他們可以向內看，並發展支持自己夢想的社群。他們仍舊期待身外之物，期待媒體和教育機構，然後允許那些資源告訴他們，他們是什麼樣子、他們是誰、生命中什麼是可能的或不可能的。

✶✶✶

傑佛森 有些人說過，有一個稱作「爬蟲人」（Reptilian）的社會，他們代表一個負面的種族，他們偏向負面性，而且——

艾叔華｜你可以定義一下「爬蟲人」嗎？

傑佛森｜「爬蟲人」是外星存有的一支，看起來有點像爬蟲類。

艾叔華｜可以為我舉個例子嗎？

傑佛森｜人形生物，混合了蛇形結構或諸如此類的。有這樣的東西嗎？

艾叔華｜所以是有蛇頭的人類嗎？是這個意思嗎？

傑佛森｜不一定有蛇頭，但那是一種擁有混合DNA的生命形式，因此它具有某些使我想到爬蟲類的屬性。

艾叔華｜人類在頭腦的物質結構中，具有一些基礎功能元素，可以調頻進入恐懼的概念，為的是讓你們在有危險的時候能夠逃脫。

曾經有一段時間，你們的物質身體與物質環境的本質非常格格不入。因此，在你們的生物機體之內，建構了一個你們稱之為「戰鬥或逃跑」（fight-or-flight）的回應系統。該系統的運行方式是，個人可以戰鬥以保護自己，或在真正的人身危險在場時，例如某隻飢餓的大型動物，個人可以逃跑以尋找掩護。這個元件至今仍存在於你們的生物機體之中。

在大多數人類身上，當危險是真實的，以及當一個人想像危險是真實的時候，例如，害怕被遺棄、害怕不夠好，這時候，「戰鬥或逃跑」系統就會被啟動。

能夠以某種方式操縱這種機制的可能性，造成人們在遇到一些情境時，會感知到「自己有需要戰鬥或逃跑，以尋求保護」，這些情境包括在工作場所忙著日常事務，或是與家人互動，或是與未知相遇，或是處在親密關係之中，或是在一個他們不知道該如何處理的全新情境。不需要有大型動物在場，就可以啟動戰鬥或逃跑行為。這個人只需要相信他或她受到威脅了。

一個人會在不知不覺中啟動這個機制，然後在自己的內在產生許許多多的恐懼，使思維過程氾濫到讓他們看不見情境中的真實情況，於是採取多種破壞性的方式來行動。他們可能與自己的感覺和心，失去了聯繫。

傑佛森

好的。

艾叔華

當他們感覺受到威脅時，可能會以某種方式躲藏起來、保護自己，或許在那樣的情況下，他們並沒有誠實面對自己或他人。當他們不知道某個情境裡的實際情況時，他們可能會生氣和戰鬥，這是另一種設法保護自己的形式。

當戰鬥或逃跑回應被啟動時，一個人將無法輕易地調頻進入並體認到，他們在那個情境裡正忙著以與自己的實際本質不相符的方式定義自己。他們只能夠體認到來自其生物機體的戰鬥或逃跑過程的恐懼和不適。他們一定會設法利用某種心理行為來保護自己，或是他們可能真的會離開房間或房子一陣子，或是他們可能會發怒、生氣，變得善於操縱或戰鬥。

這個「戰鬥或逃跑」機制，可以被認為是來自人腦爬蟲部分的一種爬蟲類特質，但是這並不意味著，你們全都必須因為這個機制而受到另一個社會的影響；那個社會可能比較了解這個機制，若你不知道如何正確地使用這個機制，那個社會就知道如何利用它和操縱你們。有些人可能被你們稱為「爬蟲人」，他們或許比較擅長使用這個類人的元件來影響你們。他們的生物機體中也有這個機制。你們可以進一步了解關於這個機制的信息，還可以進一步了解如何不受到它的影響。

可能有某些存有透過恐懼的機制，操縱著你們的社會或影響人們，然後造成許多無覺察的人們被虛幻的概念嚇到，例如，遺棄、失落、匱乏、憂鬱、憤怒或衝突。但是，這樣的事之所以發生，可能只是因為你們許多人並沒有調頻進入它，沒有覺察到這個運作機制可以發生在你們裡面。因此它像是某個外來者，你們心靈內的一個外來概念。

要理解到，有許多人沒有覺察到在自己生物機體內的這個元件。他們不知道這個戰鬥或逃跑機制，可以在最簡單的社會情境裡被啟動。你們的世界不需要炸彈爆炸，不需要人們怒目相對、鼻孔冒火拳頭緊握，就能夠啟動這個戰鬥或逃跑機制。它是非常不著痕跡的，可以由於社交、心智、情緒互動的最細微差別而被啟動。

如果人類沒有覺知到這個元件的存在，那麼它就會像是人類心靈中的外來元件。選擇對人腦的這個部分保持無所覺察，可能就像是有一個人類避之唯恐不及的外來者，一個一直潛抑於人類內在的外來元件。

在人們與自己內在的這個外來者達成協議並體認到它之前，少數幾個確實了解這個機制的外星人，仍然有可能繼續在人們裡面啟動它，並以此影響和操縱人們。他們將會繼續創造更多關於分離和限制之類的，奠基於恐懼的概念，以及需要儲蓄、需要勞動才能保持身體的健康感，以及需要尊重某位據說存在於天堂某處的造物主，這樣才不會被造物主討厭，不會遭受造物主用火和硫磺鞭打。

傑佛森——好的。

文叔華——體認到那個機制的存在，對人們來說是很重要的事。做到這一點的方法之一，是開始體認到更多他們真正是誰、他們實際存在的本質。這層體認也會使他們有能力為自己決定什麼是真實的、什麼是不真的。他們將會停止向外看，不再容許他們對實相本質的定義完全由別人所決定，包括媒體告訴他們的、新聞告訴他們的、教授告訴他們的、醫生告訴他們的、老師告訴他們的，諸如此類。人們與自己的內在能力取得聯繫，以便為自己決定什麼是真實的或什麼是不真的，這很重要。如此等於是體認到，他們裡面可能仍舊住著自己在心靈裡打造出來的某個外來元件。當他們與這個元件取得聯繫時，就會開始讓自己擺脫外來的影響，避免任何所謂的負面外星人可能會干擾他們或你們的社會。

傑佛森——是的。我們的某些生物學家說過，當我們處在「戰鬥或逃跑」模式時，將會關閉免疫系統，而其關閉的程度，可能會導致一個人比沒有關閉時衰老得更快。

文叔華——我們想要補充的一個概念是，如果你們相信自己的免疫系統是可以被關閉或打開的，那麼我們建議你們探索一下這個概念：在你們為自己創造的任何特定環境或情境裡，你們連結到這個免疫系統，並發展出可以在自己裡面決定這個系統究竟是開啟或關閉的能力。以這樣的方式接近，而不是只期望生物學家或科學家、醫生、新聞節目主持人告訴你的訊息。你了解這個概念嗎？

✸✸✸

傑佛森——我了解！謝謝你，艾叔華。你能夠點名目前地球上沒有受到邀請卻正在根據自身利益行事的社會嗎？

艾叔華那不是我們現在可以做的事。

傑佛森——因為？

艾叔華在你們的社會、他們的社會、我們的社會，以及某些其他社會之間，存有太多重疊的分層實相。因此，你們可能會說，這些問題有點過度敏感，所以不從我們的視角討論這些，讓我們可以單純地保持距離，而我們知道，「不參與烏合之眾」必會帶來令人振奮提升的結果，而那是我們偏愛且渴望的。

傑佛森——噢。

艾叔華我們不被向下拉扯，陷入困境。

✸✸✸

傑佛森

原來如此。這麼說有道理。好吧，或許我們也應該更常那麼做。這個概念如何呢？二〇一二年代表一個能量的門檻，也是外星人隔離的終結，意思是，如果外星人願意，他們將會獲准當眾著陸？

艾叔華

有許多能量滿滿的機會，許多窗口為了令人振奮的改變而大大敞開。那個時間已經開始了。在某種意義上，這扇窗口還會大力支持許多年，支持你們在感知「自己是誰」方面做出重大的改變，也支持你們做出巨大的躍進，領悟到更多自己的實際本質，以及自己究竟有能力做些什麼。

在逐漸導入二〇一二年之前已有許多年，而在你們日曆上的分界點過後，還會有好幾年，在這段期間，這扇邀請和支持意識改變契機的窗口，都會為你們的世界而存在。關於二〇一二年十二月二十一日，宇宙聯盟集體已經做出一項決定，擬訂了一份協議，從我們的視角看，在那個日期當天，就可以與你們世界的人們公開接觸。我們選擇這一天是基於自己的原因，它也與你們地球的人類歷史中撰寫和談論過的類似及許多原因相關聯。因此，從我們的視角看，覺得這個日期與其中的某些概念確實吻合，吻合到足以將它視為一個不錯的黃道吉日，而且我們也將你們世界對自己世界的感知納入考量。

還有一些其他概念與二〇一二年十二月二十一日相關聯。但是再說一次，在你們的世界裡，有許多事正在改變和擴展，已經持續了好幾年，而在那個日期之後，也會繼續進行下去。因此，我們對這個日期的想法是，我們將在宇宙聯盟之內達成協議，可以與你們的世界進行公開的接觸、和平的互動、互利的互動、互利的關係，在你們地球人和我們宇宙聯盟的成員之間有所連繫和分享。

然而，那並不意味著，事情會在那一天或隔天開始發生，因為我們還會考量到你們世界的集體協議目前是怎麼一回事，以及你們的世界已經訂立的法律。所以只要你們的世界繼續有法律規定了與外星生命形式或物質的任何接觸都是非法的，那麼，我們就不會下來，不會害你們可能因為這樣的接觸而遭到逮捕。

傑佛森　遭到逮捕？

艾叔華　因為你們社會的許多國家都有法律規定，說這樣的事可能會發生在他們身上。所以，只有當那些法律經過修改，允許我們的世界與你們的世界之間可能有公開、和平，互利的接觸時，只有當這些法律被制定時，我們才會在二〇一二年十二月二十一日之後開始與你們接觸。

瞧……你們的世界已經進入這個成長過程，幾乎快要與我們見面了。你們的社會必須開始在法律體系中聲明，你們整個集體可以接受這個公開及和平接觸的概念，因為法律體系在你們的統治理念中還扮演著重要的角色。假以時日，就連這一點也會改變，屆時你們每個人都變得更能夠以多種讓你們全部一起正向互動的方式自治，不需要一個擁有國會議員和立法委員等元素的全球管理機構，似乎告訴著你們什麼事可以或不能做。這麼說是否讓你對二〇一二年十二月二十一日這個日期有更多一些的洞見？

傑佛森　的確是，謝謝你。這樣的隔離能落實到位，是因為某人坐在雲層上方保護人類嗎？或者那只是一份集體協議，存在於我們潛意識層次存在（being）的振動狀態裡？

艾叔華　在人類的集體意識之內有好幾份協議，那是在人類不見得能覺察到協議達成的某個層次。你們可以稱之為潛意識或超意識層次。

宇宙聯盟做出那樣的決定，是從非常顯意識的覺知和當前的心智狀態出發，純粹是為了持續一段特定的時期、持續好幾千年，不要公開遇見你們的世界，好讓你們的世界能夠找到自己的回歸之路，回頭與「你們真正是誰」校正對準，在某種意義上，沒有來自外星世界的任何干擾，否則那樣的互動可能會影響人類的進度，包括與自身達成協議。回到家中，在自己的理解之內欣然接受人類的真實本質，可以說是仰賴人類自己的條件，仰賴人類自己的雙腳，但不必靠人類單手硬撐。

✷✷✷

傑佛森　如果有一個比較進化的社會降臨下來這裡教導我們，我們會不會變得依賴他們呢？

艾叔華　地球人類意識的主要焦點是，在自身之外尋找方向，在自身之外尋找造物主，願意以死去取悅那被認定是自身之外的造物主。當一個人認為創造自己的人在自己之外時，那個人會盡力取悅這個所謂外來的造物主。他們甚至會犧牲人類，為的是取悅這位感知到的外來上帝。

如果在任何時候，來自我們世界的某人，以某種物質方式進入你們人類的顯意識覺知中，那個人類就會立即跑到那個外星人面前，認為它就像神一樣，是神一樣的存在體。這種行為是地球人帶著莫大的焦點和能量完成的，所以在我們看來，如果要讓你們回歸領悟到「你們就是自己的造物主」，那麼我們絕不能實際在場。造物主的身分在你們之內，而體認到那一點的能力，必須來自於你們的內在。所以我們必須離開那個物質實相的體驗，這樣我們才不會在場，這樣你們才會忘記可能有一個外在的神會下來拯救你、安撫你、安慰你、保護你、撫養你。

這些全都是你們必須發自內在做到的事。你們是能夠創造自己選擇的體驗的那一位。你們擁有的任何體驗，都只是因為你選擇擁有它，即使你們並沒有覺察到是你們選擇了它。如果你沒有覺知到你正在選擇自己擁有的體驗，那麼也是你做出了那個選擇，選擇不要覺知到「你是選擇了擁有這些體驗的那一位」。你是那麼的威力強大啊。

所以，主要建立的是那個隔離，但不是唯一，而是主要，好讓地球人可以忘記朝天空仰望太空船，期待外星人下來拯救他們、撫養他們、保護他們。你懂得那個概念嗎？

✶✶✶

傑佛森 好的，所以這個特殊的隔離是由宇宙聯盟建立的。

艾叔華 是的。

傑佛森：誰管理宇宙聯盟呢？

艾叔華：沒有任何人管理。它是一個外星種族的集體社群，大家會聚在一起，有著共同的連繫和理解。大家會分享他們經歷過的故事和經驗，包括在他們的世界裡、旅行途中、與其他生命形式相遇時。就像是一次交流、一場聚會、一段非常豐富的時間、一個非常豐富的社群。

我們都是自治的，因此我們知道如何與其他外星種族互動，不需要有如何互動的密碼、政策和程序。不必真正制定什麼法律。那個隔離只是一份我們大家都認可的協議，認定那對地球人類種族的發展具有最大的好處，能讓人類放下外在的神、崇拜偶像、崇拜外來存有的想法，然後有機會開始連結到那些可以重新喚醒人類的概念，提醒他們想起自己實際是上帝造物主身分的本質和能力。你懂得那個概念嗎？

傑佛森：懂，所以每一顆星球都有一位代表嗎？還是來自任何星球的任何人都可以在宇宙聯盟開會的那一天出席呢？

艾叔華：什麼人都可以參加，根本上、基本上是這樣。沒有建立任何的約定或日程筆記。如果某人感覺到親臨現場將會是莫大的喜樂和有裨益的支持，他們就會以或這或那的方式蒞臨現場。或許不是實際在場，但是他們會在能量上被體認到是在場的，只要他們發出心靈感應的模式參與，可以說是，彷彿正在舉行一場群體網絡會議。

傑佛森：可能有某些種族並不同意宇宙聯盟同意的一切事務。這些反對某決定的國家，會發生什麼事情呢？

艾叔華

再說一次，那樣的種族一定是屬於非常低的頻率。這裡的概念類似於我們之前說過的。那些種族無法對我們的世界產生任何影響，因為他們的想法及思維模式的結構和頻率，太過沉重，進不了我們的覺知功能裡，因此不會造成任何衝擊。那就好像是發生一種自動偏斜，直接彈開，遇不到我們的。

傑佛森

那麼那些突破隔離後祕密降落在地球某處的外星人，他們靠自己留在這裡嗎？是不是必須面對自己行為的後果呢？

艾叔華

有些人與我們的理解不會產生共鳴。所以，再一次如同我們提過的，他們屬於某個較低的理解頻率、某個較沉重的密度，而且就這一點而言，他們不會通過隔離的。他們沒有必要通過，因為他們已經與你們在一起，也是人類當初感知到「自己是分離」的部分原因。他們是最初發生的斷離或說是「從恩典墮落」之經驗的重要部分。他們在這個重新連結、重新覺醒之中，有一個角色要扮演。

重新覺醒不會只發生在地球人身上。我們感知到，那也會發生在這些較低頻的外星人身上。他們也有機會開始放下黑暗或較不浩瀚的理解概念，還有限制和操縱的概念，以及他們仍舊喜愛且深受吸引的控制支配。就那一點而言，覺醒對他們來說也是雙贏的。即使他們正在與你們的世界互動，或許躲藏起來，從你們的視角看不見，隱藏起來，使你們無法在日常觀察中看到，但是儘管如此，他們卻是在場的。你懂得那個概念嗎？他們沒有通過那種隔離。在某種意義上，他們是你們起初全都生活在分離和限制世界裡的部分最初原因。

✱✱✱

傑佛森　是，我了解，謝謝你，艾叔華！你在宇宙聯盟擔任過翻譯嗎？

艾叔華　擔任過！擁有那個機會是莫大的喜樂啊！我是一位翻譯員，但不是那裡唯一的一位。當我確實在那裡翻譯時，我非常享受！

傑佛森　感覺如何呢？看起來像什麼呢？我猜一定有許多人在那裡。他們看起來都不一樣嗎？如果你以前從來沒有見過與會的某種生命形式，他們的外貌會嚇到你嗎？

艾叔華　再說一次，我們跟你們分享過，我們不會體驗到恐懼。從我們感知到的你們世界對「被嚇到」的定義，「被嚇到」是恐懼的一個成分。既然我們沒有恐懼，就不會被嚇到。你懂得那個概念嗎？

傑佛森　懂。

艾叔華　我們只會看見某個物質形狀，可能完全不同於我們之前有過愉快的觀察經驗的任何東西，而我們會帶著莫大的喜樂擁有那一刻。我們承認這一點，而且將會運用心靈感應以或這或那的方式，將這份承認傳送給那個存有，對他們的在場傳送出我們濃濃的讚賞之情，讓他們知道，我們之前從來沒有遇過這樣的生命形式，對我們來說，單是他們的外表就相當新穎且令人興奮。他們一定能夠體認且聽到我們的承認、我們對他們的在場所給予的讚賞，而且這將是他們能夠以豐富其經驗的方式體認到的東西！

傑佛森：當我詢問你是否曾經以翻譯的身分參與時，我感覺到你的聲音非常興奮。你怎麼收到通知，詢問你今天或一個月內是否可以前來參加這些大型會議之一，成為會議上的正式翻譯員呢？你如何收到那樣的通知呢？

艾叔華：這有點像是「有一場會議要召開，這裡有一些概念可以好好關注一下」。我感應到那些主題是什麼以及我對它們的看法。就好像某人在跟我說話，但那只是信息開始流經我的覺知感。在某種意義上，就好像中間人並不存在。沒有人拿起電話，打電話給我，告訴我說：「喂，我們要開這個會議囉！」沒有人發送電子郵件給我，讓我知道：「我們正在規畫召開這個會議。」我只是開始感覺到它。我們有人升起一個想法，想要在那場研討會上、在那個社群中，以那個方式與其他人分享有價值的東西，而且那個想法被傳送出去。當其他人開始聽見時，如果他們覺得那是某件重要的事，想要成為其中的一部分，他們就會在能量上、情感上，運用心靈感應回應，透過念頭和感覺，甚至是透過你們現在的感知還不知道的其他溝通形式。當愈來愈多人以這種方式回應，能量就會不斷積累，然後以這種方式變成一樁之後會在恰當時機發生的事件。

傑佛森：有舉行會議的正式會場嗎？

艾叔華：沒有正式的會場。有時候那也會發生在航空器上，甚至是像我們在一九九七年和二〇〇七年在鳳凰城上空體驗到的那樣。不管怎樣，它可以發生在參與的每個人都不是實際在場與其他任何相關人士互動。那是一種可能性，而且有時候確實也會發生。還有其他地點、其他行星的表面，也可以是或曾經是發生的地點。就那一點而言，往往是自發產生的或順其自然的。

傑佛森 這些會議召開多久呢？

艾叔華 它們發生在一段時間內，容許每個人分享他們想要分享的內容，體驗他們最初感應到的、吸引他們來到這個事件的興奮之情。就時間的角度而言，有些人在不同的時間出現又離開。所以沒必要一開始就出現，也沒必要一直待到結束。有一種內在的知曉，明白何時該要露面。當你體驗了「經歷他人的分享是令你感到最興奮的事」，當你分享了你覺得他人會從中受益最大的經驗，然後你就離開。那是一個簡單的知曉，一個非常簡單又微妙的知曉，就今天你們對生命的感知而言，那或許是難以捉摸的，但是你們也有能力以這種方式開始運行。你們愈是選擇那麼做，這種運行方式就會為你們變得更強健，然後你們就愈容易體認到這些做決定以及跟隨你們內心之路的形式。

傑佛森 你參加過時間最長的會議是什麼樣子的？

艾叔華 從你們的視角看，那是你們幾個月的時間，但是對我來說卻發生在眨眼之間。那令我非常興奮和著迷，好像事情發生在一段根本沒有時間的時間之中。在某種意義上，還沒開始就結束了，然而那段經驗對我來說卻持續一輩子。

傑佛森　你是否曾經受邀參加過這樣的會議，要翻譯一種你還沒有學過的語言，所以你必須在會議實際發生之前就學習那種語言？

艾叔華　有的，謝謝你的提問。那樣的事發生過幾次。有一次，我在參加之前就知道了，但是有其他幾次，我到場時並不知道會發生那樣的事。所以對我來說，遇到這些場合是全然的驚喜。我們感謝你提出這個問題！

✷✷✷

傑佛森　是啊！那則故事令人興奮雀躍啊！好的，時間到了，該要說非常感謝你一起參與今天的互動。你還有什麼想說的呢？

艾叔華　我們很高興有機會再一次以這種方式與你們分享和互動！我們正在以一種方式帶出能量，為的是支持這個集體概念，讓這些信息最終將會成為某種格式、一本書或其他形式，讓你們世界對它有興趣的人們，一定有機會閱讀和吸收這些信息，而且以對他們來說最具啟發性、最能支持他們的方式從中成長！

傑佛森　謝謝你！我非常享受這個體驗！

艾叔華　謝謝你成為這個概念的一部分！你的參與在許多方面得到了極大的讚賞、認可和承認，不只是以我們現在正在進行的這種方式。

傑佛森　你真體貼！你的參與也是我的福氣，通靈管道的參與也是我的福氣！

艾叔華——我們期望未來以這樣的形式與你們互動，心中懷著這樣的意念！

傑佛森——我也一樣。是啊！

艾叔華——在我們離開之前，你們還有什麼想要分享？或是說明？或是詢問的？

傑佛森——嗯，你媽媽叫什麼名字？

艾叔華——可以說她沒有名字。

傑佛森——她沒有名字？

艾叔華——以你們使用這類名字的方式而言，我沒有名字給她。

傑佛森——那麼當你看見她時，你們怎麼溝通？

艾叔華——所以你指的是我的親生母親囉？

傑佛森——是的。

艾叔華——下一次再問我，我會為你們取一個或許有意義的名字，提供你們一個可以被翻譯的名字。

傑佛森——太好了！好吧，艾叔華，非常感謝你！

艾叔華——我和她的連繫非常深入，勝過一個名字的意涵。

傑佛森——原來如此。下次我們見面時，你能不能帶她一起來？或許請她跟我們說些話？

艾叔華——有可能做到喔。

傑佛森——哇嗚，我們拭目以待。問問她對這個想法有什麼感覺。

艾叔華——我們會把問題留給你，到時候你自己問吧。

傑佛森——好的，太好了！

艾叔華——真好，真開心！願你有個美好的夜晚，如果你願意，今天晚上的某個時間出去一下，探索你們夜空的北極區。

傑佛森——是嗎？

艾叔華——如果雲層允許你看見的話，那麼我們建議，對你來說可能是很好玩的，即使只是一、兩分鐘。

傑佛森——好的，我會照辦的！

艾叔華——感謝你！滿滿的愛喔！歡喜常在喔！親愛的，再見囉！

傑佛森——再見囉！

Chapter 08

使地球人敞開來與外星人和平接觸的關鍵

我們一直選擇以你們集體同意的
最恰當方式出現，
參與重新覺醒的過程，
使你們的社會認識到自己的祖先、
自己的家族，
或說是自己的星際家族。

——艾叔華

艾叔華 是說，你們時間的今天下午，你好嗎？

傑佛森 非常好！謝謝你！你好嗎？

艾叔華 好極了！我們很高興有這個機會再次以這種方式與你們分享，創造這個新的第三實相，而且以某種方式為某些其他人提供有用及有幫助的信息，讓他們可以探索且在那個探索中享受，也讓他們看見更多可以與他人分享自己的由衷喜樂的方法。好像只是閱讀或聆聽，這些信息就可以成為他們的催化劑。願他們重新得到連結，更進一步了解自己是誰，然後與他人分享那些將會提升自己與對方的種種方法！在你們時間的今天，在這個我們雙方一起待在你們時間的一個小時內，共同創造的新的第三實相之中，你們希望如何一起向前邁進呢？

傑佛森 艾叔華，你剛才談到分享。一個人為什麼以及如何受到吸引，進而閱讀這一本分享迷人且振奮人心的信息的著作呢？跟他們發出的心念有關嗎？

艾叔華 嗯，有那些心念，再結合了感覺以及態度和行動。在結合成一股比較完整的、由人類傳遞和發出的能量而言，這些是重要的面向。心念很重要，是的，但是還有其他成分可以在那方面讓整個配方更加完美。

傑佛森

你可以告訴我更多關於這些成分的信息嗎？

艾叔華

你的感覺，你的心念，你的行動！這些全都是你要放出及傳遞的表達和能量。就你如何感知這些而言，每一個本身都與其他有點不一樣。這些全部會形成一首完整的旋律、一首歌，就好像一個心念是一種樂器，一個感覺是另一種樂器，動作，例如踩踏的肢體動作，或是動動手、雙手緊握、舉起雙臂等，所有這些類型的肢體動作也都像是一種樂器。結合心念和感覺的「先驗信念系統」（prior belief system）也像是一種樂器，一種比較複雜的樂器。

由你一起演奏的所有這些樂器，都表達了特定的「音符和歌曲」，在某種意義上，是從你的「人類無線電發射機」向外發射的。你對「你的宇宙」發送出信號。這讓「你的宇宙」能夠接收你發送出去的最突出、最顯著、最強勁的能量，你正在演奏的最強勁歌曲，然後它將會做出回應，在某種意義上，它是將許多機會、項目、人們帶回到你的物質世界中。心念回到你的頭腦裡，感覺回到你的情緒體內。這些是對你所放出的東西的回應。在某種意義上，它們就像是回聲，但是它們也會有些許的變化，因此不會是你以為你放出去的什麼之精確複製鏡像，而是略有調整。它們回到你的身邊，彷彿它們是你用來建造的基石，顯化出你體驗到的物質實相。它們是映像，反射你正在發送出去的內容。

「放出什麼就得回什麼！」這是創造的第三法則。無論你感知到自己正在接收的是什麼，都是你已經放出去的東西、你已經傳遞出去的東西，所造成的結果。

所以這是對於你的問題所做的一些回答。現在，如果你想要的話，你想要如何更具體地探索這些概念中的任何一個呢？這些樂器中的任何一項呢？

✶✶✶

傑佛森

目前，我觀察到「堅持不懈」可能很重要，因為它可以幫助我獲得所要求的東西。當我要求某樣東西時，只要我能夠堅持不懈，讓自己處在接收的位置，而不是放棄或分心且繼續轉向其他東西，就總是可以得到。這就好像送出回力鏢一樣。如果我不堅持不懈，那麼當回力鏢回到我面前時，我就不再在那裡接收它了。我反而會聚焦在其他東西上，甚至可能會開始思考：「嗯，我要求的東西還沒有來到我面前，可能是因為我終究沒有創造出自己的實相？」你同意嗎？

艾叔華

堅持你想要什麼，是很重要的，因為「擁有你想要的東西」是你正在向外播放的最強勁能量或最強勁「歌曲」。另外，如果某人相信自己沒有創造出自己的實相，如果那是他們放出的最強勁「歌曲」或能量，那麼由於「放出什麼就得回什麼」，他們收到的心念、感覺、行為、態度、意見，似乎就會為他們證實了「他們沒有創造出自己的實相」的想法，但是吊詭之處在於，他們正在創造的體驗正是「他們不是創造自身實相的那一位」。因為他們發出了「他們沒有創造自身實相」的想法，也就得回一個似乎可以為他們證實「他們沒有創造自身實相」的現實。於是，他們實際上是在創造「他們沒有創造自身實相」的體驗。

傑佛森　原來如此。所以就好像說，宇宙的運作就像一面鏡子。

艾叔華　是的，在某種意義上，是一面多維的鏡子。

傑佛森　太好了！所以，艾叔華，如果我偏愛相信「宇宙不幫助我」或是「『如是本然』（that is）並不支持我」，那麼我會得回證實那一點的經驗。如果我那麼做，其實正在運用自由意志。我是選擇相信那一點的人，因此體驗到宇宙不支持我。我正是我的經驗的創造者。什麼時候才會有更多人了解到，他們是創造自身實相的強大造物主呢？

艾叔華　假以時日，愈來愈多人會開始體認到，他們是強大的造物主。過去，人們曾經被教導，還有他們的父母、父母的父母、之前的父母，以及之前的好多世代，都被教導他們不是自身實相的創造者。所以他們已經不斷放出那個想法好長一段時間了，於是他們不斷得回的經驗，都證實了他們一直發送出去的最強勁能量，也就是：他們不是創造者。假以時日，愈來愈多人會開始探索「他們是自身經驗的創造者」，因此他們將會開始得回愈來愈多的經驗，讓他們知道，是的，他們就是執行這件事的那一位！

✸✸✸

傑佛森　這個概念如何？根本沒有受害者；人們活出的所有體驗，都是他們已經選擇的，可能不是有意識地選擇，但仍舊是從他們意識的不同層次選擇的，他們在那裡看見「活出某個特定經驗，具有某些價值」。某人會選擇體驗成為受害者，難道是因為他們相信，以某種方法成為更優秀或更強健的人，可以讓他們從中獲益嗎？

艾叔華

基於他們擁有的信念系統，他們以某種方法將那些選擇定義成最愉悅且最不痛苦的選擇。

傑佛森

如果歡樂大過於痛苦，那麼他們就會大膽嘗試嗎？

艾叔華

所有的選擇都是奠基於他們當前如何定義歡樂和痛苦，而歡樂和痛苦是什麼，並不是寫在石頭上的，意思是，並不是每個人都以同樣的方式體驗歡樂和痛苦。它始終是可以改變的東西。

當一個人選擇多接觸自己的實際本質，選擇與「一切萬有」、無條件的愛、「在每時每刻熱愛一切事物且被一切事物所愛」產生共鳴時實際上是什麼感覺，當一個人選擇將自己的自我定義成「無條件的愛」，而且想要更進一步體驗那份愉悅的感覺像什麼時，這個人就會開始調整自己的信念系統，以及如何定義歡樂和痛苦。他們將會領悟到，他們可以開始以多種符合自己的實際本質、自己的無限狂喜神性的方式，來定義歡樂。於是，他們也會開始領悟到，涉及經歷不適、不快、憂鬱之類的痛苦的選擇，是他們完全不再需要考慮的。他們將會開始從「什麼是愉悅」的角度，擴大所感知到的自己可以取用的選擇。當他們愈擴充可以從中選擇的潛在愉悅體驗清單，就愈能做出允許自己完全放下痛苦和不快的選擇。

傑佛森

關於沒有受害者的想法——

艾叔華

任何人都可以創造受害情結的感知，但是每一件事都只是「本然」（is）。在「一切萬有」之內，你可以創造出一場遊戲、一齣戲劇，在家庭內，或是在關係裡，或是在人際互動之中，也可以創造出受害者的妄見，創造出一個攻擊者和一個受害者的妄見。但是，這些只是角色，基於個人的原因，相關人士正選擇在那場特定的遊戲中創造。

傑佛森

為什麼人們決定扮演受害者的角色呢？

艾叔華

每個人的選擇都是由一組非常獨特的信念、境遇及原因構成的，人們為什麼做出如此選擇的原因有許多種。如果你想要了解為什麼某個人選擇了在一系列特定的境遇裡扮演受害者的角色，那麼你可以提出跟那個人相關的問題。

傑佛森

好，原來如此。

艾叔華

任何人選擇體驗成為受害者的原因，在於他們看起來都是獨一無二的，但是在他們物質生命經驗的核心，一定有一套信念系統將那個「選擇」定義成對他們來說最愉悅、最不痛苦的。因為你創造了自己的信念系統，所以你可以改變它們。當一個人選擇開始放下「自己是受害者」的信念，同時想要進入比較愉悅，而且與他們的實際存在狀態比較一致的體驗時，他們就可以開始接觸到這個事實：「自己定義自我的方式，如何使自己無法做出比較愉悅的選擇」。當他們接觸到自己舊有的信念，而且體認到自己曾經如何以有限的方式定義自我時，他們一定會立即開始放掉那些老舊的信念。那幾乎是一套自動系統，他們在其中覺知到了過去的受限信念，領悟到他們現在還有其他更正向和愉悅的選擇。他們將會自動替換掉比較不愉悅的陳舊想法和信念系統，換成新發現的想法和信念系統，換成更愉悅的定義和信念。那些定義和信念是關於「他們是誰」、什麼是可能的、「存在」是什麼、誰需要真正為他們目前擁有的經驗負責。

傑佛森 這是不是好像在說，一個人根據他們相信對自己最有利的東西而做出決定呢？

艾叔華 人們根據所感知到對他們來說將是最愉悅且最不痛苦的，做出每個決定。那是每個人所做的每個選擇背後的動機。

你們有一套與生俱來的潛意識機制，可以體驗到較多的實際本質，並且體驗到較少與實際本質不會產生共鳴的東西。所以，「做出選擇讓自己成為更好的人」並不是重點，而是要做出選擇去容許一個人根據他們相信自己的實際本質是什麼，而體驗到比較符合他們實際本質的東西。

傑佛森 好的。一個強大的創造者會因為匯聚「沒有受害者」的想法，以及「我們全都是強大的創造者」的概念，而可以影響另一個人的生命，然後以某種方式使那個其他人的生命變得負面或有害嗎？

艾叔華 沒有人可以造成任何其他人的生命變成小於那個人原本的選擇。

✶✶✶

傑佛森 感謝你！這正是我想要釐清的。太好了，聽到這樣的答案真是令人滿足！太棒了！

所以我們繼續吧。在我們上一次互動時，你說了某件讓我非常興奮激動的事，你建議我那天晚上的某個時間走出屋子，朝夜空的北極區仰望，因為可能會有一些對我來說好玩的東西，然後——

艾叔華｜等一下。

傑佛森｜是。

艾叔華｜剛才談到的那個概念。

傑佛森｜是。

艾叔華｜在人類創造和嬉戲的階段，你們可以創造或體驗到一個人正在造成另一個人的生命變得比較渺小。你們可以創造或體驗到一個人以某種方法將另一個人往下扯，導致另一個人有一段麻煩而棘手或較不如意的時刻或人生旅程，但是再說一次，那只是幻相。那只是戲劇的一部分，演員們基於個人的原因而聚在舞臺上，創造那個概念或體驗到一個人有力量壓制另一個人，而且可以用某種方式決定另一個人的命運，力量大到如果另一個人服從，就會擁有美好的人生，但如果他們不聽從某人的願望、渴望、命令等等，就需要在某方面受苦。好的，回到你剛才提到的北極區。

傑佛森｜所以是的，你建議我那天晚上的某個時間外出，朝北極的方向看，可能會有一些對我來說好玩的事。所以我照做了。那天晚上我外出，目睹了一顆與眾不同的流星。它離我有點近，具有藍色綠松石的色彩，跟我以前見過的流星不一樣。對我來說，這是令人興奮激動的！

這個目擊事件是由你和朋友們啟動的？還是你提前知道某個特定的事件將在某個特定的時間點發生呢？

艾叔華

那是這些概念的結合。我們知道在你的氛圍中有可能發生這樣的事，而且可能性非常高，我們才會建議你去那裡。於是，有你的能量在場，以及你願意參與某件略微不同的事的意願，加上那股能量參與其中，就更有可能顯化你觀察到的體驗，讓它發生。

有來自你自己的意念穿透過去，進入到客觀存在的生命天體之中，這些有意識的存有飄浮在你們大氣上方的那個區域，在那個時間點待在那片天空上方。它們在某種意義上，接收了你當時傳送到那裡的意識，而且在某方面，它們承認了你的存在。那麼做對它們來說很好玩。所以，那就是之後以那樣的意義、那樣的方式被顯化出來的東西。

在那個區域的夜空裡，你看見的那顆流星的色彩是很不尋常的。你如何感知到它對你來說是某件獨一無二的事，即使在你的城市裡可能還有其他人也可以看到它。

傑佛森

你是否以任何方式參與了那件事呢？

艾叔華

是的，我們有自己的意圖，期望有某種像那樣的經驗出現。我們的意圖與你的意圖混合，加上以那種形式生活的那些存有的意圖。然後它們以那樣的方式表達生命，成為一件劃過你們夜空中的物體。

傑佛森 你能夠確切地告訴我，我看到的那個東西是什麼嗎？

艾叔華 它是一種生命存有，一種跨空間的生命形式，一種有機體。有許多這樣的存有生活在你們的非重力區，主要是在你們地球的重力圈之外的第一個區域。

傑佛森 好的。

艾叔華 它們通常飄浮在一個場上、一個領域上，就在地球的主要重力場之外。它們能夠彈離這個場。有時候，它們會非常輕微地、非常微妙地穿透這個場，在某種意義上，刺穿這個頻率的薄膜，而且因為那麼做，它們照亮夜晚的天空，而你是其中一名參與者，不僅是在視覺上，還包括在意識上運用了你的心念、感覺和觀察。通常它們會創造出這樣的一個速度和動量的軌跡，然後離開那層薄膜，出去再回來，就這樣離開你們的可見場域。在你們看來，它們似乎就這樣消失了。多數時候，它們不會掉落到地球上。通常它們會如同我們說過的，出去再回來，繼續生活，但是會記得它們曾經在那個片刻，以那種形式與地球大氣層互動的體驗，也記得在瞥見的片刻、在轉瞬間、在突然間幾乎是眨眼的時刻裡，與它們的意識互動的人們。那些人類把它們看成是那道光，那道明亮的分享，一種互動及能量的交融，一種存在的形式，一種意識。它們因為走過那趟旅程，體驗自己的方式有點不一樣了。它們能夠與通常在第一層大氣場、大氣圈上方繁殖的其他存有，分享它們的經驗，那是在你們地球的主要重力場之外，可以說，它們通常在那裡閒晃，在那裡繁殖、興旺。

美國國家航空暨太空總署（NASA）的太空相機曾經拍攝到它們，但是還沒有確切識別出它們是什麼。某些時候，太空人曾經說過看見它們，還與NASA太空中心的任務控制人員談過。這些發光的存有，以及關於它們的對話，都被拍攝下來，在你們的國家電視螢幕上實況轉播，由其他人錄下來，事後將這些連續鏡頭放到你們的YouTube上。太空人和NASA太空中心的人員互相詢問那些影像是什麼。雙方都不了解他們看到的是什麼，而且他們沒有機會在某方面隱瞞正在被直播出來的那些影像。但是同時，由於這些生命形式的獨特性，它們絲毫沒有挑起觀看者的擔心或驚恐，因為這些生命形式表達自己的方式沒有絲毫的威脅性。

它們看起來有點像是在太陽光裡飄浮的微生物生命形式，幾乎就像是在顯微鏡底下看到的東西，非常微小，而且似乎沒有造成任何傷害的能耐，因此完全沒有威脅到正在觀看它們的人們。

＊＊＊

傑佛森｜它讓我想起了……不知怎地讓我想起了一條龍。

艾叔華｜怎麼會這樣？一條龍？像是某種嘴巴裡會噴出熊熊火焰的東西嗎？

傑佛森｜不是！它像是——

艾叔華——那個太有威脅性了嗎？

傑佛森——對！

艾叔華——描述一下，解釋一下，跟我們分享這個想法。像龍一樣嗎？怎麼會這樣呢？

傑佛森——不是，不像那種類型的龍，是像中華文化裡的龍。牠看起來像一條蟲，長長的，其實沒有翅膀，像是——

艾叔華——看起來像什麼？一條蟲嗎？

傑佛森——是的，一條蟲，像是一條有點彎彎曲曲的線。

艾叔華——有點彎彎曲曲的線，一條蟲，有翅膀？

傑佛森——沒有翅膀！它使我想起中國龍的象徵。是啊，它的形狀像一條軟管，那就是我所看到的。你之前描述過它，當時你講到太空人在太空中看到的東西。它就像你描述過的，比較像那個樣子，然後我看到了——

艾叔華——等一下！等一下！

傑佛森——是。

艾叔華——你能不能跟我們分享一下，看著夜空的那一晚，你一直在什麼地方看著星星顯現，看見一群有翅膀的蟲到處飛舞嗎？我想去那裡跟你分享那段經驗啊！

傑佛森——（大笑。）是。（笑得更厲害。）

艾叔華——請分享一下！該去哪裡？什麼時候？包括日期和時間喔！

傑佛森——好的，就在我們上次談過話之後。

艾叔華——我們只是在找點兒樂子啦！

傑佛森——是啊。我也是這麼想。很好玩喔！大約晚上十點，我去了加州貝爾蒙特（Belmont）的加州鐵道（Cal-Train），離我家兩個街區。

艾叔華——去看天空的北極星和北極區嗎？

傑佛森——是的。

艾叔華——是。

傑佛森——我在那裡待了一段時間，不斷看著夜空，但是我必須告訴你，我當時期望著，你至少會給我一條關於你們太空船的線索。

艾叔華——關於我們太空船的線索？

傑佛森——是的。秀一下！閃現一下啊！

艾叔華——閃現一下嗎？

傑佛森——是啊。（大笑。）那是如何運作的？需要哪些機制才能讓目擊事件發生呢？

艾叔華——是，等一下喔！保留好那個念頭、那個問題！

傑佛森——好喔！

艾叔華——我們想跟你一起進一步探討那個中國龍的想法，因為我們覺得它以一種稀有的方式展現。

傑佛森——是嗎？請賜教！

艾叔華——對你來說，它是怎麼像一條龍的？

傑佛森——它比較像是……我說一條龍而且是中國龍，因為它長長的，而且圓圓的，就像一條蟲，使我想起曾看過的有那種龍的電影，它也使我想起在網際網路上看到的照片，這些東西看起來就像是顯微鏡底下的微生物。然後我將所有這些想法連結在一起，而且想到要跟你談談這件事。

艾叔華——你看到了微生物，但它們是你所看見的在太空中的物體嗎？

傑佛森——是的。

艾叔華——好的，我們懂了，太好了！

傑佛森——好的。

艾叔華——對你來說，與中國龍的連結是，它似乎有點類似你那天晚上看到的東西的外觀嗎？

傑佛森——是啊！然後同時對我來說，它是——

艾叔華——你對中國龍的象徵有什麼感覺？

傑佛森——我覺得它是非常令人興奮的！對許多人來說，它可能代表許多事，但是對我而言，它代表自由和權力（power）。不，不是權力，對我來說，它代表力量（strength）和自由。

艾叔華——你去過住家附近的舊金山中國城區嗎？

傑佛森——去過，我路過啊！

艾叔華——你曾經在哪個時間停下來稍微參觀一下嗎？

傑佛森——每當我去到像那樣的地方時，我會有些記憶，多少有點……在某位皇帝身邊工作的人……像個顧問。那使我基於某個原因憶起這些東西。我不知道為什麼，但是令人興奮雀躍。中國文化對我來說……它是使我興奮的東西。我不知道為什麼。

艾叔華——我們可以提出一個想法嗎？

傑佛森——可以！

艾叔華——有些你可以取用的覺醒跟這個想法相關聯，而且它們將有更大的機會被揭開，然後以我們覺得你將會喜愛且發現有用的方式進入你的覺知。

傑佛森——哦，是嗎？

艾叔華——如果你願意，去拜訪那個中國城區幾次。挑一個你覺得可能是相當忙碌、有許多人的下午時段造訪，然後再挑另一個你覺得可能不是那麼忙碌的下午造訪。或許週末可能會比較忙碌，週間工作日可能不會那麼忙碌。

傑佛森——好的。

艾叔華——每次造訪時，容許自己到處走走，持續十五到二十五分鐘。如果你覺得被某樣東西吸引了，就探索一下，或許是吃個點心，喝些什麼，看看某種與這個文化息息相關，而且有著強力、深度連結的服飾。它可能是某種服飾。此外，食物也與這個文化關係密切。吃一份點心或咬一口也行，不必吃一整份餐點或諸如此類的。或許喝杯飲料，喝茶，喝一杯茶，非常輕淡、不費力的東西。

找一個下午造訪，也可以早上去，或是傍晚去。但概念是，找一個戶外光線比較充足的時間造訪，不是深更半夜，而是挑白天有光的時間。在那裡不那麼忙碌的時段造訪一次，在可能相當忙碌的時段造訪一次。你可以決定要先挑哪一個時段，先選哪一個都行。

傑佛森　好的。

艾叔華　你可以依自己的時間安排，選擇你喜歡的時段去探索。下一次或下下次通靈傳訊時，如果你有時間或興趣安排這樣的外出探險，我們可能會詢問你幾個問題。

傑佛森　你們會在那裡偽裝成中國人嗎？

艾叔華　我們的行事曆上沒有這一項，不會的。我們建議多多理解，如同你剛才說過的，某個前世，以及感應在某個職位上與某人合作。那是這件事對你來說將會比較有用的地方。

傑佛森　太好了。所以，艾叔華，你說過，中國龍的概念可能會揭開某件事，因為它與我親眼目睹的東西有關，你們對那個特定的象徵有什麼看法呢？

艾叔華　它有許多的含義，有許多的起源。有些外星物種從心的中心之處與其有強烈共鳴，而他們致力於滋養你們的地球。他們與你們星球上自稱源自中國的人們，有過一些互動。因此，那個象徵會進入中華文化，而且在某種意義上成為中國人的代表或象徵之一。這並不是說它所傳達的理解，與今天承認這個象徵存在那個文化裡的人們，所傳達的理解是相同的。經過世代相傳，它已經有點變樣了。那是好幾千年前，當時外星人有機會與那個地區的人類互動。今天仍有少數人隨身攜帶著這層理解，但是對你來說，揭開那一點並不是我們建議你嘗試去做的事。

如果你選擇多探索一下這個文化，以及這個因為看見「彗星」而進入你的覺知的象徵，那有助於敞開這趟探險的下一步，而且多少為它鋪平道路，無論它對你來說看似多麼非比尋常。它將讓你變得更加連結，能夠發出光芒，能夠更加覺悟到你那一生的概念和中華傳承的能量。我們不建議你嘗試理解那個象徵本身的起源。它是傳達某種特定理解的象徵，因此伴隨那個理解的頻率，它可以開始敞開你內在的某些新門戶、某些新的理解空間，如果你願意的話，還包括你累生累世與類似文化一起經歷過的無數資料庫的經驗，那對現今世界裡和今生今世的你，都是非常有用的。

✶✶✶

傑佛森

很好。非常感謝你！我會銘記在心。毫無疑問的，在我的存在裡，雖然我在不少前世裡曾經有過你提到的那些互動，但是截至目前為止，我一直選擇不是有意識地覺知到進一步的細節。我目前聚焦在以種種啟發我們集體和幫助我們人類在意識上晉升的方式，分享知識。凡是可以幫助帶回我曾經在過去分享的那些概念的機會，都是令我興奮雀躍的。感謝你提供的那些洞見！現在，艾叔華，讓我請問你這個問題，在這種親眼目睹彗星或流星實際出現之前，需要發生什麼樣的機制或錯綜複雜的事物呢？

艾叔華

包括你們有機會生活的這顆星球的大氣條件。太空中有一個特定的區域，一個有意識的太空區域，你們的地球行經那裡，在某種意義上，允許某一種這些發光閃現的存有，比較願意潛入你們的大氣層之中，以一道光炫耀它們的存在。在某種意義上，它有點像是你們在電視上播放的公眾活動，現場的某個人出其不意地脫下衣服，非常迅速地在鏡頭前飛奔，引起大家側目。在某種意義上，有點像是那樣。這些存有或生命形式突然間飛奔進入你們的大氣層。它們就像是光那樣一閃而逝。你仔細觀看的那個晚上，你們的地球處在太空意識的那個區域，讓當時的情況對它們來說變得更誘人，而且更可能成功完成，因為在某種意義上，沒有人在看臺的末端等待它們，把它們帶到保安大隊，開始訊問它們，或是因為它們的行為而送它們一張傳票或罰單。就那方面而言，它們能夠比較不費力地進入，炫耀它們的一道閃光，然後退出，一切平安無事。

所以這些是讓它更容易發生的幾個概念。若要理解它是如何發生的，那其實無異於你如何打開門，進入其他人正在交談的房間，然後如果你選擇退出，你可以往回走，關上身後的門。那些人的感知是，你打開門，往內看，他們看見你；你退出，關上門，他們不再看見你。這跟那個概念很類似。它只是一種不同的生命形式，以不同的物質表達方式做著這件事。它不是房間裡的一扇門，而是從黑夜的大氣層中探出來，進入到你的可見光譜，讓你的眼睛可以看見，然後退出，在某種意義上，彷彿它們關上那扇門，不再讓你看見。

傑佛森——一個種族那麼做，是否有被擊落或被攔截的危險或其他任何情況？

艾叔華——這種事不會發生。你們世界的物質機制不會把那當作標靶，也無法瞄準它。你們的科技還不足以建立那樣的連結。它發生得太快，而你們星球上有武器的那些人，不會把這些光之存有看作是威脅。人們並不真正理解一開始發生的那些機制，而且在當前你們世界的集體意識之中，並不會把它認定是任何類型的威脅。

＊＊＊

傑佛森——如果我要求你們給我們或給我一個機會，看一下你們擁有的金屬航空器，你們那一邊必須發生什麼事，才能讓那樣的事發生呢？

艾叔華——我們只需要透過第三方支付服務商 PayPal 或諸如此類的東西，向你們出售機票。

傑佛森——好的，然後安排時間坐下來、吃些爆米花、放輕鬆、欣賞表演嗎？

艾叔華——是的。我們就會降落在你們的四〇五高速公路，或是一〇一高速公路，或是任何其他州際公路，於是你們可以跳上來，然後我們可以兜兜風。如此照常營業。

傑佛森——（大笑。）

艾叔華——我們了解你們已經表達了與我們實際互動和接觸的渴望。我們希望你們考慮好好執行的是，或許我們之前已經建議過這一點，花些時間，真正想像有像那樣子的接觸。盡你們所能地運用想像力想出許多細節，確實經歷那個過程。讓它變得非常真實，彷彿真正發生一樣，彷彿你們確實預約時間在航空器上與我們會面，登陸，走過來，上船，你們正在與我們會面，與我們交談，與我們互動，面對面，身體對身體。好好想像那些畫面。

盡可能地看見許多具體的細節。看見我們的身體移動，伴隨著心臟跳動，我們的肺部在胸膛內呼吸著。看見我們這裡和那裡的靜脈從皮膚上突出，因我們的心臟跳動而脈動。以某種方式看見你自己，看見自己的雙手，看見自己的雙腳，看見自己穿著的衣服。注意你的呼吸速率如何，心跳如何。正常嗎？你呼吸得比較快速嗎？你的心念朝這個方向走，還是朝那個方向去？你冷靜嗎？你是否有點渙散，或是有點不確定正在發生的事？接下來會發生什麼事情呢？你真的會回來嗎？我們會讓你回去嗎？我們是否真的想要帶你離開，進入某間實驗室，害你再也見不到你的家人呢？在實際接觸的那些時刻，你的頭腦在想些什麼呢？

盡你所能地想像所有細節和整趟航程，無論是花半小時還是五分鐘。嘗試想像每一個細節，彷彿它確實正在發生。當我們帶你回家時，也想像一下那個情景。當你退出時，盡可能清楚地想像所有細節，彷彿它實際上正發生在你身上。然後想像你回家。環顧你家四周，讓剛才發生過的經驗，與你得到的新實相融合在一起。看見你的冰箱，看見你的電腦，看見你的沙發。看向你家的窗外，帶著這份對世界的全新理解，明白你已經將這份理解帶進你的意識，帶進你的身體存在，帶進你的信念系統，帶進你的生物機體，開始允許這一切融會貫通。

這次相遇是一餐飯，不同於你今生目前為止享用過的任何一餐。你知道，你吃下的每一餐都需要花些時間消化，透過消化道移動，透過你身體的消化系統往下帶，消化那一餐，吸收，攝入少量，與生物機體的其他組件分享，產生那個食物意識，與心臟共享，與血液細胞共享，與身體的熱量細胞機制共享。確實容許你與我們相遇的經驗，可以好好被消化。吸收每一項食物，吸收每一滴水分，讓它對你來說是真實的。以這種方式，讓這段經驗在你的想像中是真實的。這將會大有幫助，如果你這麼做的話，如果你確實非常詳細地經歷過，可以說，它必會大有幫助，帶出你真正享用那一餐的能力。

傑佛森（大笑。）

艾叔華 在與我們一起將那種性質的經驗顯化成真時，這麼做必會大有幫助。運用你定義真實的方式，因為如果你在自己的想像中做到，那麼它的真實度其實就像是發生在你定義為物質實相中的一切。兩者之間的唯一區別是，你已經被教導了那個區別且繼續創造。在你的想像中、腦海裡有過的體驗，一點一滴都跟你在物質的日常實相中體驗到的一樣真實。你只是一直被教導去創造兩者之間是有差異的，因此你繼續體驗到兩者之間有所差異。

往往，如果某事只在你認為是想像的世界裡被體驗到，那麼你已經被教導去創造「想像不如你在物質世界裡的經驗那麼重要或有意義」的概念。我們理解你們已經以集體的身分選擇了去創造這個區別。創造兩個分離的世界，是一種非常美妙的方法，但是你們愈是開始允許自己體認到「其實沒有差異」，就愈容易開始賦予想像力同等的價值，可以更輕易地隨時在你們的腦海中、內心的嬉戲世界裡想像，然後你們就不會被遺漏，就不會覺得好像你們還沒有活出的某樣東西失蹤了，因為你們可以更輕易地將它顯化在內心和腦海的想像裡，真正品味和享受那些類型的體驗，而且意識到它們與你們在物質世界裡擁有的體驗同等重要。

你們的物質世界，是由你們世界的想像和「假裝」（make believe）構成的結果。你們全體選擇了想像某些信念，而且以非常巨大的力量和強度，一起「將它們放出來」，於是它們「回來」變成你們的物質世界。你們的信念系統中的「假裝」系統，促使那些共享的想像變成了對你們來說似乎是真實的物質實相，但是這一切全都是「假裝」的結果，是你們的偽裝和想像。

所以，為了促進你們與我們的實際接觸，我們建議你們運用想像力探索那個概念，認定事情已經確實發生了，讓它看起來非常真實。讓它有血有肉，好好模擬，給它大量的細節。

傑佛森

我想我了解，這麼做可以放下我這邊走到一半的問題，換句話說，它可以促使我的振動頻率或能量特徵，更接近與你們產生共鳴的位置，那麼親自會面的特別體驗就可能會發生，對嗎？

艾叔華 對的。

傑佛森 所以，問題在我這邊，我才走到一半。現在，這裡有我的好奇心驅使，一旦我完成了這個想像會見你們的工程，你們那邊會發生什麼事情呢？當我經歷了想像、讓一切變得非常真實、產生共鳴、有點鎖入那個頻率的這個過程，從你們的觀點看，你們那邊會發生什麼事情呢？

艾叔華 然後，就物質接觸的角度而言，我們能夠開始在你的物質世界中更接近你。

傑佛森 當你說「更接近我」時，是不是意味著，如果其他人不願意，他們未必會被捲入這樣的接觸？

艾叔華 正確。

傑佛森 創造某種旋渦或某種現實，某事可能發生在其中，實際上卻不會侵犯到其他人的自由意志嗎？

艾叔華 對！

✸✸✸

傑佛森 原來如此。太好了！所以給我某樣可以幫助我發揮想像力的東西。你們的航空器看起來像什麼呢？或者至少說說你們會用在這方面的航空器看起來像什麼？

艾叔華 想像一個大三角形。

傑佛森｜一個三角形。

艾叔華｜有點深紫色。

傑佛森｜深紫色。好的……三角形……深紫色……然後你是否有一道光，可以使重力無效、使我飄浮起來？還是你必須著陸，然後打開一扇門呢？在這艘特殊的航空器上，那是怎麼運作的？

艾叔華｜就你而言，我們會允許你好好發揮你的想像力，孕育出最吸引你的想法，或是對你來說想像起來、玩耍起來最愉悅的想法。你可以探索這兩種想法，看看哪一種最令你興奮雀躍。我們會從我們的視角、盡我們的能力注意哪一種最令你興奮雀躍。

傑佛森｜這艘特殊的航空器有多大？

艾叔華｜大約是，就這次相遇而言，就你正在詢問我們擁有的不同航空器的想法而言，我們會建議你想像它從一點到第二點，然後從第二點到第三點，大約是五十五英尺乘五十五英尺（約乘十七公尺乘十七公尺）。我們提到的形狀是一個等邊三角形。

傑佛森｜好的！

艾叔華｜三個側面的長度大約是五十五英尺。它具有非常深的幻彩紫特性，而且側面外部附近會有些微的白色和幻彩藍，以非線性形式放射，範圍從一到三英尺（約三十到九十公分）。這些光沒有銳利的邊緣，而是具有可以快速變化、波動的柔和邊緣。從遠處看，這會創造出光線一明一滅的外觀，但那只是閃爍的光照到這艘航空器銳利的線條，所產生的一亮一暗的視角。當你在視覺上非常接近時，就可以看見實際發生的情況。沒有燈光被打開、關閉。光只是在輸出時波動，而且它們送出的耀光長度可以從一到三英尺。

這類似於太陽的光之閃焰隨時在調整長度。短閃焰可以在突然間變成長閃焰，然後變成中閃焰，再變回長閃焰，然後再變成短閃焰，諸如此類。白光和幻彩藍光也以這種方式變換。如果你看見它們，可能會覺得看起來像是從航空器後方發散出來的。我現在描述的這類航空器，就是我們通常用來執行這項特定功能，用來與一或兩個人接觸的航空器。

傑佛森——它有窗戶嗎？

艾叔華——在這艘特殊的航空器上沒有任何玻璃窗，但是我們可以創造出允許我們向外看、很像窗戶的東西。它不是一種玻璃，不像你們在地球上的交通工具裡使用和稱呼的窗戶，但是它可以充當類似的結構，可以向外看。

傑佛森——這會是一種金屬航空器嗎？

艾叔華——它不是你們在你們的星球上所熟悉的金屬形式。如果你了解元素表的概念，在你們的元素表中是找不到它的？

傑佛森——是。它是什麼元素呢？

艾叔華——它是我們這次不會提到的內容。

傑佛森　好的，那會是驚喜，很好！我喜歡驚喜！所以我想知道，是否這是一艘活生生的航空器？還是實際上必須有人駕駛？

艾叔華　在某種意義上，是的，它是活的。它需要某一個人有意識的心念、覺知和感覺，才能夠運行。它是一種發生在共同製作、共同調動、共同駕駛的關係。

傑佛森　你曾經駕駛過這艘特殊的航空器嗎？你知道如何駕駛嗎？

艾叔華　是的，我駕駛過幾次，但那不是我經常做的事。

傑佛森　所以你會來，而且別人會跟你一起來嗎？

艾叔華　很有可能，是的！

傑佛森　太好了！

艾叔華　可能會有某些其他人讓你先見面，你會比較舒坦。但是我們這一次不會討論那一點。

傑佛森　好的，另一個驚喜，是嗎？

艾叔華　只是讓你知道。

✶✶✶

傑佛森　太好了！好吧，我會好好記住的。現在你說的這艘航空器的目的，是招待其他種族上船，並且在某種意義上好好享受某一種關係。這個過程如何發生呢？我的意思是，你寫下他們的地址，然後飛去接他們，將航空器停在他們家前門？還是他們只要動用心靈，就可以瞬間移動到航空器的內部呢？

艾叔華 有些人有類似心靈傳送的系統，通常是透過心靈感應的溝通模式安排就緒。有時候可以透過某些類型的儀器安排，有點像是你們擁有的電腦嗎？

傑佛森 是的。

艾叔華 有些其他人直接進入太空船的特定區域，但不是使用電子技術轉移的形式來進行遠距離即時傳送。就某種意義來說，這些情況來自於理解如何穿越時空。他們理解航空器內這個特定位置的座標。他們聚焦在這些座標，然後就突然出現在航空器的內部，而通常我們會提前知道他們的到來。如果我們事先不知道，也會在他們到達現場時立即明白。他們通常會在最適合他們探險的時機到達，那也會允許我們最有裨益地享受他們的在場。

其中有一個共同的享樂因素，而它的發生只是伴隨著、透過並來自我們存在的更高境界。那是「我們是誰」的神祕境界的一部分，我們單純地尊重且知道那能為我們帶來莫大喜樂的體驗，無需事先把一切規畫出來。我們只要知道，他們將會在恰當的時機開始進入我們的體驗，因此根本不需要事先規畫。

傑佛森 所以——

艾叔華 當我們興起某個要盤旋在某個特定城市上空的想法時，就像在二〇〇七年和一九九七年，我們兩度盤旋在亞利桑那州鳳凰城的上空，那是被認為很有價值的事。時機是恰當的。地球上的集體意識已經同意了這件事，或許是在超意識層次上，因此在地球人的日常覺知層次中，沒有覺知到有做出這些選擇。當人們對這類事件的興奮程度開始增長，其他同樣興奮雀躍地登上航空器的外星種族，將會在他們自己的存在狀態之內覺知到這個事件，於是將在恰當的時間和恰當的日子出現在那裡。他們將會出現在航空器上，與你們的世界，也與我們航空器內的所有其他人，一起經歷那次體驗，他們將以某種方式對整個體驗做出貢獻。

傑佛森——為什麼你們只展示航空器的幾盞燈？這樣做是否是為了讓某些人相信，而且讓其他人繼續不相信有來自其他星球的聰明生命形式呢？那是你們的方式嗎？目的在尊重人們的自由意志以及個人重新覺醒的過程，以便醒悟到你們確實存在的實相。

艾叔華——我們一直選擇以你們集體同意或許是最恰當的方式出現，參與重新覺醒的過程，使你們的社會認識到自己的祖先、自己的家族，或說是自己的星際家族。

✵✵✵

傑佛森——太好了！所以，艾叔華，非常感謝你！我們今天的通靈傳訊即將結束。我記得上一次即將結束通靈傳訊時，我問過關於你媽媽的事。你能不能在這個時候，想出某種聲音振動很接近你用來指稱你媽媽的方式？

艾叔華——Yahh!

傑佛森——Yohch 嗎？

艾叔華 Yahh!

傑佛森 好可愛喔，謝謝。很好，艾叔華。我很欣賞！告訴你媽媽，她有一個美麗的名字。或許在我們今天溝通的最後，你可以跟我們分享你現在所在的地方？

艾叔華 我現在的位置嗎？

傑佛森 是啊！你造訪的地方總是有許多的驚奇和魔力，每次我們談話時，這都喚起我的好奇心，想要更了解你說話時身處的地方，以及它可能看起來、感覺起來、聞起來像什麼。

艾叔華 哦，那很好！今天，我們有一張桌子是一種活生生的樹構成的。它之所以選擇了這個形狀，原因與它扎根所在的這片土地上的地下水位有關。它模仿了下方的溪水流動的樣子，它的表面相當平坦，非常光滑。我們可以坐在它旁邊，彷彿它是一張書桌或某個位置，我們可以放一些物品在它上面，將雙腿擺在它底下，好像我們可以拉一張椅子靠近它，就在那條溪水旁邊，那流動的溪水非常淺、非常薄，比較像是小溪，一條涓涓細流。這棵像桌子的樹，從左到右延伸大約十二到十四英尺（三・七到四・三公尺）。右邊是它的樹幹，從地面往上，達到大約兩英尺（約六十公分）的高度。然後它向左急轉，與地面平行生長約十二到十四英尺，如同我之前說過的。它跨越那條狹窄的小溪上方，然後又往上轉向天空大約三英尺（約九十公分）多。它有非常柔軟、非常容易隨著微風飄浮的葉子，非常圓的綠色葉子，外緣帶點橙色。這些圓形葉子的周圍，都有非常明亮的橙色外緣。但它們不是正圓形，有點像是一顆心的一半，形狀有點像你們情人節的典型心形的一半。有時候在微風中，其中兩片葉子會在某種程度上湊在一起，看起來好像一整顆情人節的心形。

我們周圍還有很圓、像岩石一樣的物體。它們具有水晶般的質地，因此可以保有某些能量、某些意識，並且為我們散發出些許訊息。它們沒有真正對我們說話，但是它們的直徑大約是三英尺半（約一公尺）。它們不是正圓形，它們的外部很柔軟，有幾百個擠成一堆。它們非常親密地聚在一起，有幾個甚至是相互堆疊。如同我們說過的，它們具有些許的水晶質地。它們的色彩是有點粉紅、藍色和淺紫。

我的頭頂上方，是有點黑但不是很黑的天空，天空裡帶點橘色，而且似乎離我們非常近。感覺上好像我們可以伸手觸碰到它，但其實遠到無法搆到。它給我們一種安適感，但實際上它是在我們上方的高處。

我在這裡放鬆，欣賞這一天，盯著樹葉在微風中非常輕易地四處移動。有一些我們的人在遠處，就某方面而言，他們是在柔和金棕色與綠色交織的起伏丘陵區閒逛。丘陵升起的高度大約是五十英尺（約十五公尺），是起伏非常和緩的丘陵。有兩、三座非常尖銳的突起，高約一千英尺（約三百公尺），是由某種特殊的紅色花崗岩材料構成。這些突出物有點像紀念碑，不過卻是這個地點自然生成的，對我們來說，它們就像是我們經常造訪的地點的標誌。

傑佛森：真宜人，這是什麼星球呢？

艾叔華：這裡與行星大不相同，比較像是衛星。

傑佛森：哦，所以你肯定不是在上一次所在的那個地方囉？

艾叔華：嗯，這跟我們上一次的地點截然不同。我們喜歡探索不同的空間——

傑佛森：太美妙了！

艾叔華：看看它如何變化，在那裡與你們互動。

傑佛森：是！嗯，太好了，艾叔華。我非常感謝你現在所做的一切，感謝你抽出寶貴的時間、四處旅行，也與我們分享所有這些美麗的事物！我誠心感謝你！

艾叔華：謝謝你！我們也感謝你們在場，感謝你們參與和互動，願意與我們一起探索、走出去，大膽走進夜晚的天空，看見這些天上的存有劃過夜空。我們期待著這種形式的下一次相遇。

這個新的第三實相可以繼續擴充和成長，呈現更大的動力和頻率，然後那一天才能夠到來，屆時我們便能毫不費力、舒適自在地實際互動。滿心歡喜啊！滿滿的愛和感激！期待下一次，Ah yuhaumka.（艾叔華說了另一種語言。）

傑佛森：那樣很好啊！願你 Yah oohm. 謝謝你！

艾叔華：Yah oohm.

Chapter 09

小我、心，與善於創造的大師

「你的宇宙」在它存在的狂喜中
毫不費力地運作著，
當你讓它向你展現整個過程，
讓你的「心的心智」
向你展現整個過程時，
你就可以體驗到那一點。

——艾叔華

2009 9/2

艾叔華｜真好！再次與你們在你們時間的今天，一起沉浸在這些交融的時刻，由你們創造這個存在的體驗，於是我們雙方能夠一起共同創造一個新的第三實相，可以在其中以我們選擇的種種方式、在屬於我們的時機的時刻裡，體驗無限「存在」（Existence）的那些迷人界域。你好嗎？

傑佛森｜很開心再次與你交談！

艾叔華｜是啊，我也一樣！

傑佛森｜我活在一個完美的世界裡，從人類的物質身體內體驗生命。哦，我實在是很高興啊！

艾叔華｜我為你興奮雀躍啊！謝謝你！在你開始提問之前，我們有機會跟你分享一個想法。

傑佛森｜請說！

艾叔華｜拜訪中國城的事情進行得怎麼樣了？

傑佛森｜怎麼樣？哦，說實話……進行得怎麼樣……我還沒有機會去那裡，但是我會去的，艾叔華，我答應你！

艾叔華｜很好。那條龍現在非常接近了！

傑佛森｜是！

艾叔華　在這個時候，有些星際行星的能量正以某種特定的模式沿著軌道運行，它們其中一些是太陽系的兄弟姊妹，一些行星，在你們世界的參照架構中經常被提及。這將是一個通道，也是一個非常強大的啟發契機，使你有能力更強固地連結到這個想法，只要你再次選擇以我們之前建議過的兩種方式冒險進入那個地點。

在當天那裡非常忙碌的時候去一次，也在那裡只有一些人的時候去一次。很快的，在非常短暫的時間內，那些行星將會更加排成一列，或是更加校正對準，這在某種意義上，可以滋養、培育、增強你在自己存在的覺知狀態內，擁有更多體驗的能力，而且開始更清楚、更立即地獲得信息。

如果你真的去到那裡，我們建議你帶一張紙和一枝筆，或是可以記錄你的聲音的東西，這樣就可以記錄你的體驗。記錄那些可能與你的日常生活經驗有點不一樣的東西。這麼一來，你可以帶回紙上或語音紀錄裡的信息，查看你在那裡發生了什麼事。

你懂得這個概念嗎？

傑佛森　所以你是說，會有某種校正對準。包含了什麼意識呢？

艾叔華　在未來的日子裡，你將會發現更多那樣的東西。這與我們之前跟你談過的龍的概念有關，在某種意義上，你基於某些原因而被那樣東西所吸引，如果你選擇讓這趟探險成行，那些原因對你來說就會變得更加顯而易見。

傑佛森　所以只要我前去探索你談到的這個區域，我將透過這次啟迪人心的經驗而取得或憶起的那個特定信息，便會一覽無遺地展現在我面前嗎？

艾叔華 因為某些行星排成一列的情況在不久的將來就會發生，所以你在這件事情上一定會比較成功。所以你可以每天早上醒來或晚上睡覺前捫心自問，今天或明天是進到中國城區、只花半小時探索那個概念的好時機嗎？你不需要待在那裡超過半小時。每天給自己一些時間這樣檢查一下，看看是不是今天或隔天，最好且最適合你在這個地方迎接這則啟示、這次重新連結。

傑佛森 原來如此。看來即將發生的事確實很重大，因為值得你再次提起。

艾叔華 龍是非常大的，難道你不同意嗎？飛龍在天是相當巨大的。那些龍可以變得非常巨大，一個很大的概念。

傑佛森 不是，不是你說過的那種會噴火、有翅膀的龍。我的意思是，這整個中國城的概念以及你提出的那些事。顯然它是很重要的事，因為值得你再次提起。我沒說，你就再次提到了！嗯，謝謝你！

艾叔華 由你決定是否檢查一下，是否在感覺起來最適合你的存在狀態時，成為完成諸多步驟的那一位。你還必須考慮已經安排好的其他日常活動。

傑佛森 是！我會找時間的！開始吧。你準備好了嗎？

艾叔華 好了！

✱✱✱

傑佛森｜就我們頭腦中的心智概念而言，我們感覺到的以及我們可以創造的，兩者之間顯然存有差異。

艾叔華｜差異只在於，你們創造的地方要在你們的感知裡。

傑佛森｜太好了！

艾叔華｜所以，回到那條龍。龍的概念是一個非常大規模的概念！好好考慮把它安排到你的日常行程裡。每天檢查一下，看看當天或隔天，乃至再隔兩天適不適合去到那裡。每天這麼做。檢查一下只需要不到一分鐘的時間，你一定會感覺到。當你詢問這些問題時，不需要權衡回到你身上的感知。如果時機恰當，對你來說將會是簡單明瞭的。每天只需要不到一分鐘的時間就可以完成這件事，你可以早上做或晚上做。

傑佛森｜太好了！非常感謝你，艾叔華！

艾叔華｜關於「感覺」與「你頭腦裡的心智概念」之間的差別嗎？

傑佛森｜是的！

艾叔華｜關於這一點，你有疑問嗎？

傑佛森｜是的。我們所感覺到的事物，以及可以在腦海裡概念化的思想，兩者之間顯然有所差異。換句話說，似乎有「我們」，那是感覺起來在我們體內的那個意識，同時似乎還有另一個部分的我們，亦即某些人口中的「小我」（ego）面向，那是「智力心智」（mental mind），只能概念化或關聯到它已經學會的事物。關於我們用來在這個物質世界裡表達自己的這兩個不同面向，你能夠多談一些嗎？談論一下小我，也談論一下我們內在的感覺？

艾叔華｜好的，謝謝你！「感覺」是你創造的東西，「思想」也是你創造的東西。兩者之間會有差異，也是你所創造出來的差異。

傑佛森｜好的。

艾叔華｜我們認為這是你的原始問題的第一個部分，而現在，這個問題看來已經有點改變了。

傑佛森｜是啊。

艾叔華｜它已經改變成比較偏向小我心智，以及你的造物主自我的更高心智。

傑佛森｜是啊，那又如何呢？

艾叔華｜在某種意義上，你已經創造了一個來自內心的心智，也就是「心的心智」（heart-mind），然後還有「小我心智」（ego-mind）。

傑佛森｜好的。

艾叔華｜這兩個詞可以被更廣泛地稱為「更高心智」（higher-mind）和「物質心智」（physical-mind）。也就是說，我們可以給予這個「小我心智」的特定概念，一個更廣泛的標籤，又叫做「物質心智」，而「心的心智」則可以被叫做「更高心智」。

傑佛森｜好的。

艾叔華｜所以現在，這兩個概念都有兩個標籤。

傑佛森　對。

艾叔華　「小我心智」是由「心的心智／更高心智」創造出來的。心的心智這麼做，好讓你在這個星球上、在這個物質世界裡，可以擁有某種特定的體驗。「心的心智」不見得處在物質的表達狀態中，不完全是，但是你可以把它創造成是那個狀態。

「物質心智／小我心智」的設計，其實是讓你可以體驗到物質世界、實際物體的感知。因為物質世界不是你真實的存在狀態，所以你們每個人的集體「更高心智／心的心智」，都必須運用自己的信念系統，創造許多的面紗或過濾器，在某種意義上，這些就像是戲服和臉上的種種妝容，讓你可以在你們的「地球遊戲」中看似物質的舞臺上，扮演某些有物質形體的角色。

你用定義和信念創造某些過濾器，而且因為「存在」的本質是「放出什麼就得回什麼」，當你們集體「放出」這些關於某個物質實相的定義和信念時，你們就「得回」這個物質世界的概念。你們甚至已經創造了這個信念或「戲服」，以為你們有一個「小我心智」或說「物質心智」，使你們能夠感知到自己與你們的本源（source）是分離的，與你們的「心的心智／更高心智」是分離的。

我們想要與你們分享的是，實際上並沒有任何東西與其他東西是分離的。你們只是運用你們的集體定義和信念，創造了這些面具、這些戲服，讓你們可以擁有這種特別的物質體驗，也就是在地球上的這類「遊戲」。

與你們的更高心智分離的概念，是在地球上長期以來一直被探索的主要焦點之一。

若干世代以來，好幾千年以來，「物質心智／小我心智」一直被賦予「統治權」。在某種意義上，你們的社會已經將這些統治權賦予你們的小我心智，教導並告訴小我心智，它是主事者，它是知道如何做出重要決定的那一位，包括決定你的快樂、未來的安康，以及你在人生中將會達到什麼成就。然而，「物質心智／小我心智」並不是主事的那一位。「更高心智／心的心智」才是與你的實際本質比較有連結的那一位。它明白「一切萬有」的愛。

許多世代以來，小我心智一直被認為是主事者。在它主事的情況下，你們已經冒險進入了黑暗、分離、限制、絕望、匱乏的界域，持續了好長一段時間。你們現在已經集體選擇開始放下那些概念。因此，由小我心智主控的話，不會支持你們有能力回歸進入比較覺知到完整圓滿的狀態。由小我主事，阻止了你們領悟到自己的實際本質，使你們無法體驗到更多無窮和無限的愛，但這愛其實是你們的實際本質。當小我或小我心智愈來愈被提及、愈來愈被談論到、愈來愈被書寫和觀察到，它就可以變成你們學會要放下的東西，因為你們讓它知道，它其實不是主事者。它可以放下試圖操控一切，而且它不會不復存在。因為它是永恆的，它不會死，不可能被接管。

在某種意義上，小我一直被教導要保護自己，生存的概念是它覺得非常重要的事。它一定會保護它自己，換句話說，當你從物質心智、小我心智的概念運作時，一定會保護自己，因為從那裡出發，你會創造出你可能被殺死且因此被終結掉的感知。

再舉另一個例子，因為小我心智，你可以創造出這樣的概念：如果你不「遵照適當的程序」，你一定會去到地獄之類的邪惡地方。當然，這類概念只是幻相，是小我非常善於在其中創造和玩耍的一部分限制及分離的遊戲。小我心智已經創造了許許多多的過濾器、許許多多的信念、許許多多的面具、許許多多的戲服。它一直就像是了不起的男演員或女演員，一直在為你執行著偽裝和「假裝」的偉大工作。

現在，小我該要開始摘掉虛幻信念的老舊面具，卸掉那一層層的妝容，脫掉那些戲服，好讓「赤裸裸的身體」，也就是「心的心智」的赤裸裸心智，可以再一次被顯露出來。最終，那些「衣服」將會開始脫落。人們會變得比較舒適自在地到處走動，就某種意義而言，是赤裸裸的。我們的意思是，帶著敞開的心生活，能夠簡單、輕易地與其他人的心互動，而且完全沒有因為自己變得心胸更加開放、與自己存在的實際本然狀態更加同調，而會有任何的威脅感、挑釁感，或是將充滿問題的體驗帶入這個人的日常生活中。這樣的放手可能要花一些時間。每個人都會有自己放下的方式，包括脫下戲服、卸下妝容、擺脫與自己實際本質不相符的信念體系。每個人都需要花時間，花自己的時間，以自己的方式，去處理和放下「老舊的概念」。

當我們說「老舊的概念」時，主要指的是分離和限制的概念。「你是受限的」是老舊的概念，「你不是你的實相的創造者」是老舊的概念。我們建議人們開始放下這些老舊的概念，建議他們開始讓這些「戲服」掉落到地板上，建議人們變得更加「赤裸」，容許無窮和由衷感覺到的概念，愈來愈成為他們選擇的新服裝。

小我具有很大的效用。現在的概念是要容許你的存在的那個部分，也就是那個小我，比較充分且比較簡單地體驗到你所是的狂喜，在這個世間遊戲的舞臺上變得更赤裸，而且願意允許其他人赤裸，允許其他人以自己獨一無二的方式表達他們的內心。當你允許其他人是「赤裸」的，其他人也會允許你是「赤裸」的，可以表達你獨一無二的特質。在你允許其他人變得赤裸、更真實，變得更簡單且狂喜、好玩時，那麼對方的感知也將允許你變得更好玩、更赤裸、更不費力地表達你的實際本質，而且因為那麼做的話，「心的心智」將會永遠知道最適合你執行的下一個行動是什麼，什麼選擇是最有愛心的，感覺起來是可以做出的最佳選擇，因此那選擇將是最意味深長的，而且擁有最大的支持和服務感。你將會發現，你的世界和人生因為你所偏好的事物而變得更能擺脫曖昧。你生命中的機會與同步性（synchronicity），將會開始發生得更不費力、更充實、更自發、更豐盛。小我心智將因此在更大程度上簡單地體驗到這趟喜樂的旅程。它可以單純地坐下來享受這趟旅程，而不會覺得它必須擋在路中間，開始做一些艱難的心智抉擇。必須做出艱難的抉擇，並不是你的實際本質之道。「你的宇宙」在它存在的狂喜中毫不費力地運作著，當你讓它向你展現整個過程，讓你的「心的心智」向你展現整個過程時，你就可以體驗到那一點。

「物質心智／小我心智」開始意識到它不會死，不會下地獄，不會被某個外來且無所不包、無所不知、無所不能的存有，判處痛苦的永生監禁。那個「虛構的」存有只是一個幻相，被創造來支持分離和限制的概念，使你遠離自己實際上無所不包、無所不創造、永存不朽、心的心智的本質。

當小我心智開始探索這個概念，明白它不會飛灰煙滅，不會永久遭受煉獄的煎熬，只要它開始讓「心的心智」的慈愛感覺顯露出來，只要小我心智允許自己變得更赤裸、變得更「脂粉不施」，那麼它就會逐漸開始感覺到它可以自由地行動，輕易地呼吸，不會被標記成無家可歸的流浪漢，或是惡魔、惡魔崇拜者，或是某種撒旦類型的人物，或是女巫、瘋狂的瘋子。它將會開始體認到，「心的心智」知道最大的永生和最大的喜樂是什麼樣子，然後它會開始坐下來，享受這個物質生命的體驗。它將會讓「心的心智」領路，完成你人生中真正充滿喜樂的人生使命。

傑佛森 我們一直分享的這些「小我心智」和「心的心智」的觀點，在某種意義上，只是水桶裡的一滴水，只是我們可以根據這些概念來分享的冰山之頂端，但是在這個片刻，或許那就足以回答你的問題了。

傑佛森 感謝你！在我看來，當更多的光或信息開始進入身體，物質工具開始接收到更多的資料，然後老舊的限制和分離範型就會被砸碎了。

艾叔華 是的，轉換了，蛻變了。

傑佛森 那是非常有趣的。

艾叔華 你們都是非常有趣的造物主。

傑佛森 對啊，限制大師嗎？

艾叔華 嗯，你們是你們所創造的一切的大師，當你們創造的限制概念，達到你們在這個世界上所擁有的限制程度時，那麼是的，你們是限制大師，但也是你們創造了那個限制大師的身分。因此，你們可以創造啟示大師的身分，而且當你們全都放掉限制大師的身分，開始重新掌舵，成為彼此關係中的無限喜樂創造大師，那就是你們的社會開始前進的地方。

✶✶✶

傑佛森 昨天，我在跟朋友交談時想到了一個想法，每個人其實都有潛力變得精彩或可怕。

艾叔華 那些只是感知，在某種意義上，是同一枚硬幣的兩面。你偏愛哪一個呢？就「你的宇宙」而言，並沒有某一個比另一個更好。那些只是你選擇以那種方式創造的體驗。它們兩者都是有效的，它們兩者都存在著。它們兩者都是經過驗證的，就那方面而言，是被「一切萬有」、「宇宙」帶進存在的。被帶進存在，就表示它們是有效的。它們是經過驗證的，具有同等的價值。對「你的宇宙」來說，它們之中的任何一個並不比另一個更有價值。

在某種意義上，一個人可以從對「存在」的這層永恆理解中踏出去，創造出某一個人比一個人更有用或更有價值的幻相或妄見。你偏愛哪一個呢？你有權選擇。你創造它們兩個，你偏愛多創造哪一個呢？那是你的選擇！

傑佛森——當我們在人生中經歷對比時，或許覺性的擴展就會發生。我可以孕育出新的概念，使我想要體驗更多，即使這個更多對我來說意味著更多地進入黑暗或更多地進入光明。因為活出對比鮮明的體驗，我覺得我能夠更加理解我真正偏愛哪一個。

艾叔華——是的，在活出對比鮮明的體驗之後。

✶✶✶

傑佛森——是的，好吧。那麼艾叔華，你最近一次待過的星球是哪一顆呢？

艾叔華——羅爾金（Rorkin）。

傑佛森——好的。在你家附近嗎？

艾叔華——不是。其實相當遠。

傑佛森——那你為什麼去那裡呢？

艾叔華——我們有一場探險活動。那裡有一個社會剛開始跟我們的世界接觸，所以我們覺得該是承認那一點的時候了。我們感應到振動的共鳴是很好的頻率，感應到他們就要準備好了。他們似乎知道我們的存在，完全沒有質疑。就那方面而言，他們與「有一個像我們這樣的世界，有一個像我們這樣的人類外星社會，我們可以與他們溝通，可以拜訪他們」這樣的概念，非常和諧同調。

因為他們對自己運用想像力創造存在的狀態感到胸有成竹，所以傳送了一則信號給我們，這則信號行經我們的星球環繞我們的太陽公轉軌道的許多倍距離，然後被我們接收到。我們監測羅爾金，覺得動身造訪的時候到了。對他們來說，這是很不錯的機會，也是相當好的時機。這是一次興高采烈的慶祝體驗。在他們存在的最深處，某種非常深邃的慶祝被向外對我們表達出來，我們也能夠從內在由衷的狀態向外對他們表達。那是一次非常溫暖的擁抱和分享，我們現在還有一些人在那裡。不久後，他們的某些人可能有機會來到我們的世界拜訪我們，不過那件事要幾十年後才會發生。

傑佛森 噢。

艾叔華 那會發生在恰當的時機。目前，他們知道我們確實存在。我們以那樣的方式，與他們一起造訪他們的星球，那對他們來說是相當驚人的好機會，可以從他們世界的視角看看生命中什麼是可能的。

傑佛森 好的，那很有意思喔！你能再說一次那個世界的名字嗎？

艾叔華 羅爾金。

傑佛森 他們的心智狀態跟我們一樣嗎？跟我們今天在地球上的覺知層次相同嗎？比如說，有——

艾叔華 不完全相同。他們沒有像你們的世界那樣探索限制的概念。他們生活在一個從不曾接觸過其他許多種族的世界。他們知道有一些種族，也已經與某些種族接觸過。他們一直在探索關於了解他們與「一切萬有」連結的經驗，也一直有機會體驗在某種意義上置身偏遠鄉村的概念，在那些地方，來訪的旅人並不多，當地人也不常進入有較多活動發生的大城市。感覺好像是他們在太空的物質世界的鄉村。在某種意義上，他們發送了一封信給我們。就經常與其他行星的存有互動而言，我們比較常在城市裡。我們現在是每天積極主動地同時與好幾個種族互動。而他們往往只與極少數的種族互動。

✸✸✸

傑佛森　當一個人跟隨自己的最大興奮，從另一顆星球為你們帶來一份禮物時，你們會將收到的禮物保存在哪裡呢？

艾叔華　嗯，我們不會把那樣的東西存放在某棟建築物內冷涼的鋼牆後方，然後入口再套上掛鎖。

傑佛森　（大笑。）

艾叔華　它單純地滋養和豐富我們，成為某樣永遠是我們的一部分的東西，「永遠是我們的一部分」的意思是，那是我們那一生的一部分體驗，為我們那一生的存在增添色彩。那段體驗具有某種振動、某種頻率、某種特徵、某種感知，某種對「我們是誰」以及「我們互動的世界是什麼樣子」的理解。在某種意義上，它為我們提供了一座平臺或基礎，由此我們可以與接觸到的其他人分享那段體驗。我們可以在自己之內探索和分享新的可能性，也有新的靈感出現。

我們知道，正是因為我們已經與對方有所互動，那段體驗就會與我們同在，在我們的覺性裡，以某種正向的方式並在恰當的時機為我們的存在性增添色彩，那個時機不僅是對我們來說是如此，對後來以種種最振奮提升、最鼓舞人心、最引人入勝的方式，與我們接觸的其他人而言，也是如此。它就變成了我們不需要像攝影一樣去捕捉的東西。這並不是說那個概念有什麼錯。我們只是知道，它將是一幅必會流經我們的覺性，而且以恰當的方式、在恰當的時機觸及他人的影像。

傑佛森　所以基本上，你轉化和保有的是能量嗎？就像能量一樣嗎？

艾叔華　是的，那種獨一無二的簽名。是的，在某種意義上，它是一股能量。它允許我們擁有更多的色彩、更多的感知、更多的概念，因此可以與其他人分享。

傑佛森　你收到的最後一份禮物是什麼呢？

艾叔華　我會說，就是在這個時刻跟你們互動，但或許這不是你心中所想的。你可以更具體地詢問這個問題嗎？

傑佛森　你人真好！我會說得比較具體一些。如果你看見的某人說：「嗨，艾叔華，當時我正在造訪另一顆星球，發現了這件物品實在很酷，我就把它帶回來當作禮物送給你！」

艾叔華　是的，那麼，首先，有些禮物並不是實體物品。住在羅爾金上的存有，是非常令人愉快的。他們所擁有的理解，對我和一起造訪的人們來說，都是令人驚歎的禮物。

我們世界的某些人，目前仍在羅爾金與他們閒聊。就實體物品的禮物而言，他們確實曾經送禮物給我，而我從收到的那一刻起便把它存放在某座檔案館中。他們理解我選擇將東西保存在這座檔案館裡。他們當時是非常熱情好客的，而且在某種意義上，他們期望將來能夠造訪那座檔案館，在那裡看見那件物品。

傑佛森

好可愛喔！

艾叔華

這座檔案館是能量的結合，結合了從許多世界收集來的許多物品。那些物品很容易存取，沒有被收藏起來，鎖在只有少數人可以看見的建築物之中。它有點像是一間開放給外星大眾前來參觀的博物館，只要來訪者被它所吸引，被這個概念所吸引。所以，來到這座星際實體物品博物館的人們，一定會被在那裡展出的各種物品所吸引，而且光是探索這座檔案館、這個複合體、這座星際博物館，就會接收到他們需要的東西，或是他們覺得對自己來說最振奮提升的東西。

所以，有一件物品是羅爾金上的存有送給我的，當時我將它存放到這座星際博物館裡，在某種意義上，這座博物館一天二十四小時、一週七天開放。它從來不打烊。

傑佛森

好可愛喔！

艾叔華

他們送給我的物品，具有一種非常稀有的氣味，但是它很吸引我，是我喜愛的東西。就你們世界的量測系統而言，它的大小大約是半英尺（約十五公分）。它的形狀有點像是你們星球上的蛋，但是大約半英尺長。

傑佛森　好的。

艾叔華　最長的部分大約是半英尺，而且不是正圓形。它的某些部分很硬，其他部分有點軟，而且你可以稍微推它一下。就那一點而言，它有點寬宏大量。它的內部具有某種生命能量，表示這件物品是活生生的，具有它自己的意識。它具有以某種對話的形式、某種口語的形式，來分享氣味的能力，但是根據我的經驗，它還沒有以這種方式對我說過話，還不是以單字的形式。它似乎是用氣味溝通，而我還要進一步探究它。把它送給我的那些人說，它有時候也會以其他某些方式交流，當那樣的交流發生時，我們感應到的一定會是最愉快的。

傑佛森　好的。

艾叔華　我們還不知道那會是什麼樣子，但沒有正在研究它的科學家。我們很清楚，它是以任何方式、形狀或形式正向振動的東西，可以在任何時刻或時間選擇表達自己。

傑佛森　酷喔！

艾叔華　所以目前，我體會過、經歷過的唯一一種交流，是它有時候散發出來的氣味。它並不總是有氣味，有時候似乎根本沒有氣味。待在那件物品旁邊，有一種非常撫慰人心的感覺，它具有一種溫暖的感覺。它具有中棕色的色調，也帶點淺棕色。這兩種色彩似乎可以互換。中棕色變成淺棕色，淺棕色變成中棕色，然後又變回原色，沒有明顯的原因。

這件物品的某些部位會在兩種色彩之間急劇變化。那就好像畫了一條線，將淺棕色區與中棕色區分隔開。在它的某些部位上，當淺棕色逐漸變成中棕色時，會出現比較多的柔色混合，彷彿一片薄薄的白雲飄浮在藍天的前方，此外也有一些柔和陰影之類的情況發生。這件物品的形狀似乎沒有改變，但是我們被告知，那樣的事可能會發生。它不會變大，質量或重量不會增加或減少。在某種意義上，它只是有能力改變形狀且保持同等的重量。

傑佛森 好的。它是被送給你，還是送給你們的社會？

艾叔華 嗯，它被交給我的，但也是送給我們社會的禮物。

傑佛森 他們有沒有跟你說過，為什麼選擇你呢？他們為什麼把這件禮物交給你呢？

艾叔華 我是溝通、翻譯、對話、口譯的那一位。我了解他們是基於那個原因選擇了我。

✶✶✶

傑佛森 嗯，很好喔！所以你最後送出的禮物是什麼？又送給了誰呢？

艾叔華 我們有一種食物，根據我們的觀察，我們覺得羅爾金社會一定會愛不釋手。那是根據他們原本已經擁有的某樣東西稍加修改的。修改後的版本是我們社會帶來的東西，而由我將那件禮物交給他們。

傑佛森 好的。

艾叔華 它有點像是你們世界上擁有的一種青豆，長約兩英寸（約五公分），直徑可以成長到大約四分之一英寸（約〇・六公分）。它的形狀可以長得有點扭曲，與你們世界上的青豆大小和重量大致相同，但又有點不一樣，因為它有比較多的葉子，也比較柔軟一點。我們認為它是一種加入羅爾金的飲食中，將會非常有建設性且有營養的食品。羅爾金人對它感到相當興奮。我們很高興看見他們的回應。他們正在成功培育這種植物，將它逐漸帶進他們世界的飲食攝取中。

傑佛森——你說你們的飲食比較以流質為基礎，而且你們不常靠牙齒咀嚼，你們的同胞如何研發出這種青豆做為你們的一部分飲食呢？

艾叔華——我們能夠在能量上轉化它，將它轉變成比較柔軟的物質。

傑佛森——啊，好的！

艾叔華——你們的世界上有攪拌機吧？

傑佛森——有啊！對喔！

艾叔華——所以我們就是靠那種方法研發。

傑佛森——啊，好的。嗯，是啊，那有道理。

艾叔華——但是它實際上並不是像你們擁有的某件實體物品，比較像是用我們的雙手和心念過程，調整那件物品周圍的能量。因為這種食物非常容易接受那種轉化的概念，也非常願意且能夠在我們要求它轉化成比較流體的形式時，聽取我們的意見並且跟著照辦。

＊＊＊

傑佛森　在什麼情況下你們可以拒絕接受禮物，或是你們社會裡有人曾經拒絕接受禮物嗎？

艾叔華　那樣的事確實會發生。有時候，別人的贈禮就是與我們世界的頻率不合，無法與我們產生共鳴，我們會向送禮給我們的個人或人們解釋，讓對方能夠以某種欣然同意的方式，理解和承認這一點。那樣的互動不會令他們感到被忽略或被拒絕。他們一定能夠理解這個概念。

傑佛森　你們同胞表示不恰當的最後一件禮物，是什麼呢？

艾叔華　有一件相當難以預測的物品。

傑佛森　怎麼了？

艾叔華　它有能力創造花粉之類的東西，就像你們世界上從花朵中被釋放到空氣裡的花粉一樣。

傑佛森　是。

艾叔華　從這件像植物一樣的物品中所釋放出來的這種花粉，相當不穩定，因此可能會與我們世界裡的某些植物相互作用，造成植物無法達到最高的生產力、繁殖力和成長。於是，我們與將它贈送給我們的那些人，一起為它找到了另一個可以落地生根的世界。那些人現在是那個世界上專門種植那種新型花圃的園丁。對他們來說，那也是一個新世界。

雖然他們沒有機會送給我們可以帶回到我們世界的物品，但是他們確實有機會將那件物品提供給我們，而且理解為什麼我們無法在我們的世界上擁有那件物品。也因此，他們有機會體驗到一顆全新的星球。他們能夠將禮物帶到那裡，將它引進那個世界，成為某個全新世界的守護者。那是一個他們發現相當有樂趣的世界，而且他們目前仍以種種對他們來說相當出奇不意的方法做事。所以他們很滿意我們拒絕的那份禮物。

傑佛森｜好的！

艾叔華｜他們很滿意那整個交換所產生的最終結果。

✸✸✸

傑佛森｜原來如此。你們的社會是否曾經收到某份禮物，改善了你們體驗人生的方式？

艾叔華｜嗯，收到過。我們有一份理解的禮物。

傑佛森｜啊，好的。

艾叔華｜更加理解我們的本質。那份禮物被帶了出來，以我們大家都能夠輕而易舉地連結到，而且能夠理解和掌握的多種方式。它不只是一個被提出的概念，而是可以充分落實的、可以連結的，一份在某種意義上我們可以插上接通的禮物。這並不是說我們實際插上接通任何東西，而是具有插上接通的效用，同時理解和真正看見那份禮物如何融入我們與之互動的世界，如何融入「存在」的本質，好讓我們能夠立即應用它，然後每天以非常完整而全面且有意義的方式，有效地利用它！是的，的確是一份禮物啊！在某種意義上，它提振了我們，它使我們世界有意識的存在之能量振動狀態，向上提升了一步。它幫助我們快速提升，在某種意義上，從意識的某一個維度提升到另一個維度。

✦✦✦

傑佛森　太好了，謝謝你。我要說的是，當你與我們互動時，你在這裡提供給我們的，可以說是知識的、關懷的、愛的禮物。當人們接觸到你透過這本書提供給我們的這類禮物時，針對啟動DNA或敞開他們迎接新的概念和可能性而言，是不是會發生什麼事情呢？

艾叔華　這確實會發生，但是只有在那個人願意和接受的情況下，尤其是來自他們的較高自我（higher self）的覺知和選擇的狀態。

傑佛森　根據他們允許的程度嗎？

艾叔華　是的，那通常是較高自我覺知到的東西。

傑佛森　但是，同步性將這本書帶到他們手中的事實，已經暗示了他們有興趣以及這本書可以提升他們。

艾叔華　是的。他們吸引了這本書出現在他們面前，因此在他們的較高自我之內，存在著這樣的潛力：他們該開始朝那個方向探索和擴展了，該開始探索那本書中的信息了。

傑佛森——你的意思是他們——

艾叔華——就那一點而言，他們準備好了。當他們的振動發送出「準備就緒」的訊息時，可以支持如此成長的這本書的信息就會出現。你以前聽過這樣的概念：「當學生準備就緒時，老師就會出現。」

傑佛森——是的，對。

艾叔華——當一個人達到某種層次的意識和開放性時，那麼一本書，或是一個人，或是一位老師和信息一定會出現，一定會被吸引到他們面前。

✶✶✶

傑佛森——太棒了！現在，談到老師，你們有沒有可以在你們的世界裡學習魔法的魔法學校呢？

艾叔華——我們沒有。從你們世界的視角，我們能夠做一些看起來非常神奇的事，像是從帽子裡抓出一隻兔子之類的。

傑佛森——是啊。

艾叔華——但是在我們看來，它只是我們的存在的一部分。它在我們的社會裡已經存在了很長一段時間。所以對我們來說，能夠做那樣的事，不過是我們本質的一部分。在每一個神奇地創造了某樣東西的實例中，我們當然都能夠覺察到並承認那樣做在某種意義上是神奇的。我們體驗到它是神奇的，也承認那帶來一種非常濃烈的喜樂感。對我們來說，領悟到「覺察到我們正在神奇地創造出這個或那個」這一點，是非常喜樂的。

傑佛森｜你能否舉一或兩個，你自己做過、可以被視為神奇的事例呢？

艾叔華｜從你們世界的視角嗎？

傑佛森｜是的。

艾叔華｜嗯，好的。對我們來說，一切都很神奇，但是從你們世界的視角認定的魔術表演，如果我們在舞臺上，穿著魔術師的全套服裝，我們當然可以把兔子從帽子裡抓出來，但是做法不同於你們世界的魔術師在表演那項魔術時所採用的做法。

傑佛森｜噢。

艾叔華｜所以那會是神奇的。我們比較會以時空轉移的形式，來顯化那隻兔子。

傑佛森｜啊，好的！

艾叔華｜我們不會把兔子藏在外套裡，然後單純地運用某招快速的手法，或是將兔子從帽子的隱藏隔間裡抓出來。我們會將兔子從不同的時空位置抓過來，然後讓兔子突然間出現在舞臺上，出現在觀賞表演的那些人能夠看到的時間和地點。

傑佛森｜你們是不是有哪些事做起來很像娛樂表演呢？

艾叔華｜我們確實有一些藝人，他們有本領做一些類似於你們的藝人、魔術師所做的事。我們大家都明白，我們的表演者所做的表演，是任何人都能夠做到的事，只是其他人沒有想過要那麼做。我們有些人比較聚焦在帶出新的視覺表現，對其他人來說，看到那樣的表現發生是迷人而愉悅的。這些藝術家是擅長表現造物主能力與表演技巧的大師。

我們有時候會聚集在一或多位善於這種創作的藝術家身邊，然後像觀眾一樣參與，讓他們呈現令人興奮雀躍的表演，而且從觀眾的角度看，是以前沒有想像過的創作，在某種意義上算是魔術。但是再說一次，一旦表演完畢，任何觀眾都能夠完成某件類似的事，我們只是沒有一直聚焦在創造那種視覺表現。我們一直沒有想到那麼做。

傑佛森　有孩子們自主地為他人籌辦的戲劇或表演嗎？

艾叔華　有的，他們有能力做到這樣的事。有時候這樣的事會發生。

＊＊＊

傑佛森　你們住在跟我們類似的房屋裡嗎？還是比較屬於穴居社群？或者，如果沒有房屋或洞穴，你們只需要靠著眼前找到的第一樣東西，然後就可以睡覺嗎？（大笑。）

艾叔華　這取決於我們所在的星球。在某些地區，比較容易在重力場中保持我們的存在，也能夠以種種舒服的方式享受那個行星表面。有時候我們會居住在你們認為是房屋的東西裡，但是它的建造材料，與你們在地球景觀上建造建築物和房屋所用的材料截然不同。在其他時候，我們能夠在某種程度上以非物質的狀態存在，而且只是存在某顆行星的空間裡，周圍並沒有任何的牆壁、天花板或地板。有點像是你們世界裡的一棵樹或一朵花，我們能夠像那樣只是坐在或站在那顆行星的表面上，然後存在。有時候我們可以那麼做，在某種意義上，只是站著或坐著，或是躺在那顆行星的表面上，以那種形式入睡，然後經過從白天到黑夜和黑夜到白天的轉換，我們將會被完整地照顧到。

行星表面可能存在著許多光明和黑暗的變化。有些行星的太陽不只一顆。有些會有許多太陽以及日出和日落的變化，可以將不同質量的光投射在大氣之中。

傑佛森 在雅耶奧星球上，你們是否跟我們一樣住在房屋裡？

艾叔華 我們有的通常是比較橢圓形的結構，這些結構與大氣和土地，以及我們走在其上且它們靠在其上的物質，是非常同調的，而且它們活生生地覺察並意識到大氣和土地及那類物質。它們不需要用螺栓和釘子來牢牢固定在地基上，不需要那種固定在土地裡的形式。它們能夠有意識地調整自己的電磁場，在某種意義上也能夠緊緊抓住土地的表面。如果我們想要移動它們，它們也能夠跟隨我們。它們能夠調整頻率，允許自己守住地面上的那個空間，也能夠放掉，然後輕易地移動到某個其他位置。一旦它們來到新的位置，便能夠再次以某種賦予自己穩定感，且防止自己像睡蓮一樣在池塘表面四處漂移的方式，「守住」地面的那個部分。

✱✱✱

傑佛森 原來如此。在這裡，我們對自己的房屋非常講究，而且我想我們多數人都可以理解擁有房屋的概念。請告訴我，與你們擁有房屋相關的信息。一個人可以擁有兩間、三間或更多間的房子嗎？這一點如何運作呢？

艾叔華 就那一點而言，我們沒有房屋的所有權，沒有你們所謂的房子，也就是我們通常居住的地方的所有權。

傑佛森 噢。

艾叔華 在我們的世界裡，如果想要，我們可以輕易地住在外面。

傑佛森 哦，好可愛喔。

艾叔華 就住所而言，我們有能力使用好幾間這樣的住所。針對特定時間內居住在裡面的是什麼人而言，這些住所是可以互換的。舉個例子，如果我今天住在某間屋子裡，那麼隔天，我可能會搬出那間屋子，搬到另一間不同的住所。我之前居住的那一間，可能之後會被另一個人占用。

傑佛森 噢。

艾叔華 每一間住所都有特定的振動頻率，可以服務一段時間。當我們感應到該換屋時，我們就會搬出去，搬到另一間具有不同振動的住所。然後我們會在那間屋子裡居住一段時間。我們曾經住過的那一間或許會變成對另一個人比較有吸引力，然後他們會搬進那間住所。

所以這麼一來，住所是可以互換的、非常靈活的，我們以一種樂在其中的方式經常地、頻頻地到處搬家，並且以一種對我們來說感覺像是在家裡的方式，精力充沛地、感覺靈敏地、符合振動地在家裡。

傑佛森 你現在提供給我的概念，似乎比較像是旅館，而不是房子。

艾叔華 比較像旅館，因為你可以從一家旅館移動到另一家旅館，而且在你空出那家旅館的某個房間之後，那天晚上別人或許會住進去，而你搬進別人在前一夜曾經住過的某個旅館房間。

傑佛森 好的。

艾叔華 可能很類似那樣，但是再說一次，我們的能量和生物本質，並不會留下任何需要打掃清理的東西。沒有服務員必須進來用吸塵器清掃和撣去灰塵。我們會留下能量或振動，這是因為我們與那間住所互動過，包括對那個地方的理解，以及那個空間的振動意識，然後我們的能量被加進那個地方的那個空間裡。那是一種正向的補充，一種我們的意識的正向振動狀態，如今正與那個地方、與那間住所融合在一起。當我們離開到另一個地點時，現在閒置的住所就會有一個新的振動頻率，它將會以最營養和滋補、最愉快的多種方式，吸引最受到引導要住進裡面的人們。只要他們願意，就能夠與我們留下來的某些能量意識融合，或接收部分的能量意識。在我們之前，一定有其他人曾經待過那裡，他們的能量也可以被新來者接收，只要新來者願意，他們可以採用某種其內在知道將會更支持自己本質的方式，做到這一點。那始終是一種正向的分享、成長和探索。

✶✶✶

傑佛森——你住最久的住所是哪一間呢？你在哪一間特定的住所裡待了最長的時間？

艾叔華——在我成長的過程中，跟我的原生家庭住在一起的時候，在我人生的頭五年期間，有一間我大部分時候居住在裡面的住所。那是一間我們通常不會搬進搬出的住所，但是有時候，也的確是搬進搬出的。我們當中負責扶養新生兒的人們，通常會持續住在某個地方一段時間。在這樣的時候，我們通常不會經常搬進搬出，但是那種情況也可能發生。我五歲的時候，曾經短時間住在另外四間住所。

傑佛森——好的。

艾叔華——偶爾，我們會從主要住所去到其他住所之一，短暫住一段時間。在那段我以新生兒身分在雅耶奧社會的世界裡成長發展的期間，我們曾經短暫住過四間其他住所。

✶✶✶

傑佛森——在這些房子裡，你們是不是跟我們一樣，有廚房、客廳和臥室？

艾叔華——主要是一個大空間。我們有能力創造隔間感，讓那樣的隔間為我們提供某方面的服務。那些隔間是薄薄的光頻率，看起來像是某種織物並且創造出某種空間分隔的外觀。我們可以採用那樣的方式，創造出不只一個房間的外觀。

傑佛森 噢，原來如此，在你長大的那間住所裡，看起來有幾個房間？

艾叔華 二到三個吧。

傑佛森 所以，你父母睡在某個房間裡，而你睡在另一個房間裡嗎？

艾叔華 通常我們全都睡在同一個房間裡。

傑佛森 好溫馨喔。

艾叔華 那個房間是我們住在那個空間裡的主要焦點。偶爾，基於不同的原因，我們會換到另一個房間。舉例來說，有時候，某些星際溝通會發生，當時年輕的我還沒有準備好迎接那樣的互動和視覺體驗。

傑佛森 好的。

艾叔華 那是我們在同一間住所裡會有不同空間的原因之一。

傑佛森 你們睡在房子裡的地板上嗎？還是有像床之類的為你們準備好的舒適東西？

艾叔華 我們有一種能量，一種能量的結構，非常柔軟，而且可以根據我為它所做的選擇而改變色彩。

傑佛森 聽起來非常有趣啊！現在來談談另一個主題。我想我從來沒有問過你這個問題，你是家中唯一的孩子呢？還是有兄弟姊妹？

艾叔華 就某種意義而言，我是唯一的孩子。我的親生父母並沒有其他孩子。

傑佛森 很好。這間房子的外面呢？你們有沒有小花園或籬笆？還是只有開闊的土地？

艾叔華 我們的確有花園的概念，不過可以說並沒有籬笆。我們有時候會把東西種成看起來像是籬笆的模式，在某種意義上，是用來分隔與我們的住宅距離最近的另一間住所，但那樣的分隔並不是用什麼方法禁止某人進入或保有某樣東西。

✱✱✱

傑佛森 好的，很棒。嗯，我們只剩下幾分鐘時間。你們的社區裡有跟我們一樣的街道嗎？

艾叔華 我們有頻繁出入的大道，那是能量選擇的結果。這些大街感覺像是最快速、最不費力、最愉快的進出途徑。那些大道往往也是我們當天最適合與他人見面接觸的地方。我們可以出外冒險，朝許多不同的方向旅行。就那方面而言，道路並不是鋪成人行道或是建成混凝土高速公路。它們往往在任何特定的一天，在能量上顯化成最令人振奮提升而且可以在上頭行進的通道，而這也是其他許多人感覺最常被引導前去的通道。因此，我們可以在適當的時機，以那樣的方式與其他人會面，共享某個時刻，因彼此的臨在而被充實豐富了，然後再沿著那條路徑移動到我們的下一個地點。

傑佛森 你們的交通工具跟我們的雙層巴士一樣嗎？還是比較像火車？

艾叔華 我們沒有火車或巴士。

傑佛森 啊，好的。

艾叔華——有許多其他形狀和類型的航空器。我們也可以選擇創造非物質類型的航空器，這類航空器完全具有某種振動頻率，那是我們許多人可以與之產生共鳴，並運用來旅行到其他地點。你們用肉眼看不到它，不像今天你們可以看見物體飛過你們的天空。它是一種存在於較高頻率的航空器，你們只能透過心靈之眼看到它，可以說比較屬於視覺感知方面的心靈感應能力，那是今天你們世界上愈來愈多人正在學習開發的能力。

傑佛森——我了解。很好。你們用在北美亞利桑那州鳳凰城上方的那艘大型航空器呢？你們什麼時候會使用那樣的航空器？

艾叔華——它提供一個讓來自其他世界的人們可以聚在一起的地方，許多人有不同的旅行方式，以及不同形式和形狀的航空器。因此，在某種意義上，與其有一處大型停機場，容納所有這些不同的航空器，不如大家直接聚集在這一個空間和地方。它是一艘支持共享聚會的某個共同頻率的航空器。它提供一個地方，讓來自於愛意遍布在這個「你的宇宙」的各行星和文明的人們，可以相聚在一起，分享大量的想法和經驗，同時一起創造。

傑佛森——太棒了！我好愛這次的互動啊！

艾叔華——我也是！

傑佛森——所以，我必須說，非常感謝你回來，感謝你跟我們在一起，感謝你持有這股可愛的

艾叔華 能量，而且與我們分享這一門在我看來真的、真的非常豐富的知識！感謝你的分享！對我們來說，也很高興能夠以這種交融的方式，跟你們在一起，而且有這個機會帶出契合讀者內在最深處意識領域的信息，以讀者們不一定會覺察到的正在發生的多種方式，但是永遠會以他們的較高自我知道且感覺到將是最支持他們、最滋養他們的多種方式，運用正向而提振之道，幫助他們成長為地球上內心充實豐富的星際存有。我們期待以這種方式再次與你們互動，而且我們將在你們時間的明天再次與你們同在！滿滿的愛，還要記得那條歡喜愉快的龍喔！

傑佛森 會的，我向你保證。我會找時間去那裡，那件事即將發生。再次非常感謝你提醒我注意這件事。我確信所有這些逐步開展的經驗會發生，例如我造訪中國城，我確信你們在某種程度上會參與，並幫助保持那些頻率和振動，好讓我們能夠一起享受更多有趣的概念！

艾叔華 是的。感謝你。真精彩！非常愉快啊！永遠喜樂啊！我們要說再見了，現在要離開了，但是我們還是同在的，無論看起來是否在一起，我向你保證。祝好運喔，親愛的！

傑佛森 Yah oohm!

艾叔華 Yah oohm!

Chapter 10

存在其實超神奇

你們全都是偉大的魔術師，
在某種意義上，
創造著一場你們許多人
已經將自己的心從帽子裡抓出來，
而且讓它消失不見的演出。
不久之後的某一天，
你們將會以集體社會的身分，
讓自己的心重新出現，
屆時，人類的觀眾將會鼓掌叫好，
久久不息。
一定會有一次起立熱烈鼓掌，
諸如此類的事從來不曾記錄在
你們的男性歷史中、
女性歷史裡，
無論你們偏愛哪一個。

——艾叔華

2009 9/3

艾淑華：好吧，我要說，在這些時刻與你們一起在這裡，是最美妙的！在你們時間的今天，你好嗎？

傑佛森：哦，我像風箏一樣飛翔，被這門知識的風吹得愈來愈高！如同你提過的，艾叔華，知識不僅來自於你，也來自於許多文明。

艾淑華：感謝你講述我們之前跟你們分享過的那個概念！是的！精彩的是，可以在我們時間的今天，在這個交融的時刻，與你們一起沉浸在這樣的表達之中，讓我們雙方共同創造這個體驗，創造一個全新的第三實相，讓我們可以一起探索更多屬於我們的本質和存在性的無限界域。我們可以運用多種使我們樂在其中，且發現令人振奮提升、揭露真相、令人欣慰的方式那麼做，而且那也可以為他人提供概念，使他們在重新連結的時候，能夠在為他們帶來歡樂和狂喜的那些時刻和那些方式裡，連結到自己內在最深處的領域。

今天這個時刻，在問答部分開始之前，我們要為你們提出一個概念。你準備好了嗎？

傑佛森：我要開始喜歡那個概念了！開始吧！

艾淑華：我們已經開始看見某個運動，在加州地區，在北加州，有一些團體正在選擇進入光，而且正開始找方法將光融入這個區域的媒體，融入你們這個區域的電視，融入你們這個區域的報紙。他們逐漸開始有些許的掌握、些許滲入那些區域。所以，可能會有更多的揭示傳遍那些區域。以透過電視和報紙媒體的信息散布而言，那可能會開始引起人們的關注，留意到「外星世界是真實的」以及「外星世界將會因此變得比較受到矚目」之類的概念。無論文章和節目的內容多麼簡短，住在沿海地區、閱讀著那些報紙，又看著那些新聞節目的人們，都會注意到。

這是你不一定會親自與之連結並體驗到的事。無論是哪一種，我們都感應到一定會有更多機會讓人們閱讀和聽到外星人的出現及存在，也為人們提供更多的機會，讓人們以多種對你們的世界來說是和平又振奮的方式，去接觸外星意識。我們感知到，人們不久就會開始在你們那個地區的報紙和電視媒體中，看見更多這些概念，尤其是在這段時間以及未來的幾個月。那是要分享的概念，因此情況就是這樣。現在這個時候，你們想要一起去哪裡呢？有什麼問題嗎？

✶✶✶

傑佛森　感謝艾叔華。關於魔法的概念，以及我們的世界裡有一位名叫梅林（Merlin）的存有等等，那些執行真正魔法的人會達到目標，是藉由全神貫注地在腦海中保有某個概念的圖像，全神貫注到讓那個聚焦的概念最終在我們的物質世界具體化現嗎？

艾淑華　你是在問魔法該如何發生嗎？

傑佛森 是的。

艾淑華 從你們社會的視角，魔法發生的方式有許多種。對你們來說什麼是魔法，這是由你們決定的。所以讓我們從那個概念開始探討。你對魔法的定義是什麼？

傑佛森 我會說，魔法是有能力利用存在於自然界且實際上看不見的事物現象，讓某樣東西以超越平凡的方式顯化出來。舉個例子，帶走存在於某個看不見的光域中的某物，降低它的振動，直到它在我們的物質世界裡具體化現。

艾淑華 你對魔法的概念是，發生的某件事是超越平凡的。你是說那是一個對你來說有效的魔法定義嗎？

傑佛森 是的。

艾淑華 「存在」本身並不是平凡的。每當一個人能夠經歷對他們來說似乎不是平凡的體驗時，就是在以某種方式體驗自己的實際本質。這是定義魔法的另一種方式。單是體驗到與他們的實際本質相應的某樣東西，他們就會體驗到某樣不平凡的東西。因為我們說過，處在其真實存在狀態中的「存在」，是一點也不平凡的。它是相當非凡的！它是相當驚人的！它是相當神奇的！你了解那個概念嗎？

傑佛森 舉耶穌為例，他可以同時在兩個地方。

艾淑華 但是你了解那個概念嗎？

傑佛森 嗯，讓我想想。

艾淑華｜而且，舉耶穌嗎？你要舉著耶穌到哪兒去呢？去百貨公司吃午餐嗎？

傑佛森｜（大笑。）

艾淑華｜他想要去哪裡呢？或許他的頭髮有點長了，可能他需要修剪一下？

傑佛森｜噢，順便說一下……不是……舉耶穌……據說他可以同時在兩個地方。那很神奇啊！漫步在水面上，很神奇啊。

艾淑華｜你們大家都只在一個地方，在那個空間裡沒有時間，在那個地方裡也沒有空間。

傑佛森｜好的。

艾淑華｜但是，你們可以在某個特定的時間，創造存在於某個特定地方的感知，所以你們可以創造同時在兩個地方的體驗。你們創造對時間的感知，然後創造對地方的感知。於是，你們可以創造同時在三個地方的感知。不過，在多數情況下，你們的社會已經選擇了不發揮應用你們的造物主能力，你們的創造大師能力！

概括而言，你們全體選擇了「創造一次只在一個地方的概念」。所以任何時候，只要有一個人能夠藉由同時在兩個地方，表現出更多你們的實際存在狀態和能力、創造出比較浩瀚的表達，看起來就會像是奇蹟，但那只是朝著更能夠代表你們實際本質的地方前進，你們有本領在那裡創造無限數量的概念和體驗，包括創造你們對時間的感知，讓你們在任何特定的時刻同時存在超過一個地方。

✱✱✱

傑佛森　這個「創造感知」的概念如何呢？你說「想像你自己在某個其他地方」，意思是什麼呢？那就是想像力吧！

艾淑華　全都是想像力啊！一個圖像的國度！你的想像力，圖像的國度。你選擇頻頻聚焦和放出的內容，將會招來你目前體驗到的事。「吸引力法則」或「放出什麼就得回什麼」的概念，是第三創造法則。

你感知到的世界，全都是圖像的反射，那些是從你的存在的內在、你的內心、你的心智投射出去的，這可以想成你的運行有點像是電影放映機。你的心念、想法、感覺和圖像，是你的想像力的產物。你的「心的心智」之內的圖像國度，正是你向外投射出去的東西，有點像是放映機如何在電影院裡投射影像。你將你的圖像向外投射到「生命的銀幕」上，然後像觀眾一樣坐著，體驗這些圖像，看著它們被反射回到你眼前，呈現在生命的環繞立體聲多維電影銀幕中。

繼續探討電影院的比喻，電影放映機將圖像投影到銀幕上，然後觀眾可以注視著銀幕，從正在移動的畫面，從運轉中的圖像、動態畫面、動態圖像，體驗到某段經歷，投影捲軸上有成千上萬張圖像被投射出去，供你體驗。

「製作電影，然後觀賞電影」是一種鏡映的方式，反射出你們每個人在生命中的每時每刻總是在做著什麼事。你們全都運用自己的心念、感覺、想法、態度、意見和行動，從你們內在的圖像國度投射出影像。你們像電影放映機一樣，將所有那些東西向外投影，然後你們變成像是電影院裡的觀眾，開始活在你們的三維物質實相電影院之中，那些回到你們面前的結果，全都來自你們向外投射出去的圖像。於是你們能夠活在其中，體驗屬於自己個人的動態畫面，其中充滿著動作、情緒的能量。那些透過你們的想像力的活動，來自你們內在那個永恆的地方，它是你們與「一切萬有」的無限連結，而且它帶來一個圖像的國度。在這個國度裡有無限數量的圖像，因此在你有能力帶出來且投射出去的內容方面而言，你有無限的潛力，這意味著，在你可以得回，而且體驗成你的物質實相，體驗成你個人的生命「電影」被投射到生命體驗的「多維銀幕」方面，你有無限的潛力。就這層意義而言，想像力等於是你在你的物質世界裡體驗到的一切，它是你運用你的想像力，透過你的心念、感覺、態度、想法、行動、行為等等，投射出去的一切之成果。因此，一切全都只是你的想像力的結果，因此就那一點而言，它全是想像力。

通常，許多人會誤以為在電影院看電影時得到的體驗，就是他們的想像力產物，因此不是非常真實。但實際上，從宇宙的視角而言，那些體驗就跟你踏出電影院、忙著日常活動時所經歷到的物質體驗，一樣真實。全都只是「本然」。實際上，沒有哪一種體驗比另一種體驗更真實。這類似於這樣的宇宙性理解：一個概念並不比另一個概念更好或更少，不比另一個概念更聖潔或邪惡，不比另一個概念更偉大或渺小。從「你的宇宙」的視角，從那個永恆地「本然」的視角，沒有哪一種體驗比另一種體驗更真實。

人類已經選擇了創造一場「世界遊戲」，他們在這場戲裡擁有這樣的感知：發生在物質世界裡的一切，比他們在心靈之眼中想像的內容更真實，或是比書中的作家想像力產物的內容更真實，或是比電影院裡由導演、演員、製片人、攝影師共同努力的產物的銀幕內容更真實。

那全都是想像力，但是你們許多人長久以來一直被教導要相信，那些等於是你們的想像力產物的物質界日常活動，就是比你們的想像力更真實，因此你們往往更重視物質世界，不重視來自你們的內心和心靈之眼的概念。

當你們的社會愈來愈學會「將自己的想像力的重要性，等同於日常生活中發生的事情」時，你們就能夠更有效地掌握那些想像力，更充分地取用它們，更加主導地、強大地、專注地放出它們。如此，你們就更容易利用你們的想像力，且運用它們顯化出你們在物質世界中偏愛體驗的內容。你懂得這個概念嗎？

傑佛森——懂，感謝你！

✷✷✷

艾淑華——關於這個概念，有沒有你想要特別進一步詢問的東西？或者，這麼說對你來說清楚嗎？

傑佛森——我總是喜歡進一步提問。你從來不知道，對吧？

艾淑華——你一直都知道，你可以創造「從來不知道」的概念。

傑佛森——那倒是真的！好吧，如果心智與想像之間有差別的話，它們的差別是什麼呢？

艾淑華 在物質世界裡，那只是你創造出來的差別。

傑佛森 噢。

艾淑華 你如何感知到它的不同，是你個人的信念系統所帶來的結果，是你定義這兩者的方式。當你為「心智」是什麼而放出一個定義，並且為「想像力」是什麼而放出一個定義時，如果你放出的那兩個定義是不同的，就會因此得回不同的體驗，體驗到你認為的「心智」是什麼、「想像力」是什麼。

就「存在」的實際本質而言，這兩者沒有差別。但是，針對有能力創造一場「遊戲」，並且在物質實相的「舞臺」上擁有「表演」和體驗而言，你可能會創造出「有差異存在」的妄見、幻相。而且再說一次，那個差別是由你如何定義這兩者而決定的，而你創造出來和釋放出去的定義之間的差別，將會決定你如何體驗到那兩個概念是不同的。

所以，對你來說，你是如何將「心智」和「想像力」體驗成不同的呢？要更能覺知到你如何將「心智」的概念和「想像力」的概念，感知成不同的，然後你就會開始更清晰地了解你為何必須將這兩者定義成不同的。你明白那個概念嗎？

傑佛森 明白，我了解！基本上，我們只是因為「擴充定義」的能力受限，而被限制住了。

艾淑華 你們因為限制了定義和信念而限制了自己，當你們選擇擴充自己的定義和信念時，就可以開始擴充你們對「自我」（Self）的覺知，以一種比較相應於體驗到你們的整體、無窮、不受限之潛力的方式。

傑佛森　為了擁有更多得到擴充的定義，我們會需要一套參照架構，但它可能不是始終可以取用的。

艾淑華　是的，要生活在你們社會這個感知到自己是有限和斷離的世界裡，那是一個關鍵要素。由於你們必須找到方法去限制你們覺知到實際上無限而浩瀚的本質，所以你們在定義和信念的機制內，創造了「限制」和「分離」的概念，好讓你們可以「放出」並知道你們會開始「得回」愈來愈多有限的感知，直到你們不記得自己實際上有無限數量的選擇，可以從中創造你們的定義和信念。舉例來說，那就好像「生命選擇的自助餐」中有無限數量的項目可以選擇，但是你們選擇以集體社會的身分去限制自助餐的項目數量，而且假裝只有幾種食物可以吃。作為一個集體，你們的社會找到了方法去限制自助餐中可取用的菜餚數量。

傑佛森　是。

艾淑華　於是逐漸地，代代相傳，你們能夠縮減到幾乎沒有食物可以取用的地步，縮減到在這個世界中有許多人似乎沒有食物的地步，而且這些人在某種意義上正因食物匱乏而餓到瀕臨死亡，彷彿沒有權利選擇可以消耗的可食用食物，無法靠那些食物滋養自己的身體。

如果你們將那個概念帶入靈性上的真心感受領域，那麼在某種意義上，許多人已經找到了方法去創造一種自助餐，其中沒有任何一道真心感受的食物，沒有關於實相的概念可以反映出你們真實的靈性本質。所以，這些人的內心深處是奄奄一息的。他們的內心和心智是飢餓難耐的。在某種意義上，由於他們斷離了自己內心的真實本質，使得內心營養不良而奄奄一息。許多人因此逐漸罹患癌症和各種憂鬱，因為他們還無法在生命可能性的自助餐桌上找到菜餚，以反映他們比較浩瀚的真誠本質。他們一直找不到且無法享用真實的概念，而這個概念是能滋養他們、為他們帶來更多的覺知，明白自己無窮、無限的本質。當他們覺知到自己的本質，可能就因此沒有內心感受到的飢餓，也沒有因飢餓造成物質身體的死亡，因為物質身體的飢餓以及內心感受到的飢餓，這兩者是如影隨行的。

許多人有很多金錢和食物，但是他們的心欠缺對自己整體本質的感受、滋養和覺知。在「信念和定義」的餐廳中，關於他們每天「在內在享用」的實相，他們還沒有找到那種類型的營養品以及那些類型的食物和食材。即使有豐厚的錢包、五星級餐廳、多道餐點可以選用，他們目前覺察到、可以提供給內心的食物，仍舊少之又少，而那少許的食物卻可以提醒他們自己關於真實、完整、神聖、無限的本質，以及他們對於真正「造物主身分」的覺知。

✱✱✱

傑佛森　我喜愛那樣的解釋，感謝你！你能不能談談「豐盛」（abundance）呢？包不包括金錢的概念都行。在人人都在利用想像的力量的今天，你認為一個人今生如何才算是豐盛的？

艾淑華 豐盛可以用許多種方式定義。舉個例子，你可以擁有金錢的豐盛或缺錢的豐盛。

傑佛森 好的。

艾淑華 講得具體明確、清楚明白是有幫助的，何況關於金錢以及擁有金錢的豐盛，許多人並不十分清楚自己的想法。所以，對於沒有錢的人來說，這是產生作用的關鍵因素之一。他們只是不那麼清楚這個概念。

更重要的是，他們不清楚，也沒有覺知到「放出什麼就得回什麼」的概念。這個創造的第三法則，是永恆且絕不會改變的。這是他們沒有被教導過的東西。事實上，他們經常被教導的事物恰恰與此相反。許多世代以來，或許是不知不覺地，媒體和「高等教育」機構傳授的概念，一直在阻止人們去接觸對於「放出什麼就得回什麼」的理解。其他三個創造法則也被掩蓋了，被過濾掉了，很少被教導，而且在許多情況下甚至被視為異端教誨。這些揭示了「存在」的本質和結構的宇宙性理解，往往會嚇到許多人，人們害怕聽到這些信息，或是害怕有人暗示它們是知識的「菜餚」，隨時在旁供人們考慮「品嚐」。

在你們社會裡的情況，就好像在你們每天的「生命選擇的餐桌」上，都有這些永恆宇宙性理解的「菜餚」，但是不知怎地，許多人還是覺得如果他們因為考慮這些理解而「咬一口」，就會轉變成某種被遺忘的奇怪生物，或是被驅逐出去，陷入孤立和絕望的深淵。這種懼怕的反應，導致許多人迅速漠視這層宇宙性的理解，而這種反應往往源自於許多宗教的教義，那些教義曾經在你們的世界裡，以嚇人的方法和威脅的模式，被世世代代傳授和教導。許多宗教信徒由於心中的恐懼，已經習慣於自動壓抑這些宇宙性的理解。

許多人認為，不偏離宗教教義很重要，這樣他們就不會被嘲笑、被拋棄，或是受折磨。他們一直害怕仔細考慮永生「自助餐桌」上這些宇宙性理解的「菜餚」，害怕它們可能會非常滋養，而且營養豐富、啟迪人心，並揭露他們的內心以及人生的喜樂感。

這種情況就好像是，宇宙性的理解宛如生命之樹上的「知識之果」（fruit of knowledge）一直在增長，但是許多人已經在內在感覺到了，所謂的高等機構正在告訴他們，不要基於某個未知的原因而「品嚐那顆果實」。如果他們那麼做了，就會被永遠趕出「伊甸園」，或許之後會被置於絕望的世界、沮喪的世界、藥物依賴的世界，或許被置於恐懼、憤怒、分歧、爭執、摩擦、無法與他人相處，乃至無法與自己相處，也無法舒坦地與自己溝通的世界裡。

然而，與他們的恐懼相反的是，因為他們沒有選擇知識之果，沒有選擇分享和教導那存在於「一切萬有」之中，關於「創造四法則」（Four Laws of Creation）的信息，所發生的情況恰恰相反。（作者補充，除了前文提到的第三法則外，其他法則為：一、你存在；二、一即一切，一切即一；四、每件事都會改變，唯有前三法則永遠不變。）看起來，他們沒有食用屬於這顆果實的真誠知識，由於恐懼而無法觸及那棵樹和食用樹上的果實，害怕如果那麼做，自己會被丟進漆黑熾熱的地獄，所以他們似乎實際上限制了對「自己真正是誰」的覺知，以至於最終創造了一個體驗的世界，裡面包含了他們最初害怕的所有概念。

看看你們今天的世界。你會看見許多人其實正活出絕望、活出限制，帶著疾病活著，帶著憤怒活著，與戰爭共存活，與衝突共存活。所有這些東西原本是不會發生的，只要每個人都曾經被教導「生命之樹在哪裡」、「如何食用這顆知識之果」，以及「如何在內在找到它」。因為它始終在自己裡面。它永遠不會滅亡，但是那些來自恐懼信念的陰影，會被放在這層理解之上，致使個人不再能夠找到它、體認到它、領悟到它，乃至認定它確實存在。人們反倒崇拜那些老舊的受限概念，戒絕以天堂生命之樹為食，以此撫慰他們恐懼卻又看不見的神明。

因此，他們在自己的存在性（beingness）之內變得像石頭一樣，變得欠缺生命之樹提供給他們的、具滋養作用的內部理解。他們一直那麼做，致使如今在每天的許多特定時刻裡都感到悵然若失。即使他們可能家財萬貫、過著奢華的生活、環遊了世界，還是會覺得彷彿自己失去什麼，彷彿他們生命中有什麼不太對勁，很想重新與其連結，彷彿生命一定還有更多。不知怎地，他們還是覺得彷彿缺了一些什麼。我們要說，欠缺的是他們對自己是誰的了解。

隱喻的說法是：他們還沒有品嚐到生長在自己的生命之樹上的知識之果。來自生命之樹上的果實，就像是一顆無限理解和領悟到「自己是誰」的蘋果。它就像生命之樹一樣，仰賴「創造四法則」生長。這棵樹的根扎得很深，深入地球裡，深入你實際由衷存在的永恆之中。不論你擁有的金錢多麼豐盛，如果你對於這棵生命之樹及其知識之果沒有某種程度的理解，就會有欠缺什麼之感，覺得你是不完整的，覺得你還沒有接觸到對生命更有意義的某樣東西。

因此，生命中「欠缺什麼」的共同感覺就是機制之一，導致每天有那麼多人忙著「追逐在他們面前晃來晃去的胡蘿蔔」，有著不停息的誘惑提出了諸如此類的種種想法：這份工作就是你生命中欠缺的，或是這種奢華的生活型態、銀行帳戶中有那麼多金錢、能夠到異地他鄉旅遊、在奢侈的餐廳吃飯，正是你所欠缺的。

這些「晃來晃去的胡蘿蔔」，已經吊在那麼多人面前那麼久了，無論一個人「掌握」多少這些類型的「胡蘿蔔」，他們還是覺得自己生命中的意義和目的，是深度欠缺的。在每一個片刻裡，「了悟充實滿意」的體驗被閒置了，搆不到，原因同樣是：唯有那份理解是來自他們的生命之樹和樹上的無限知識之果，也就是「創造四法則」，一個人才會全然感覺到好像沒有欠缺什麼。

一切都在你之內。他們一直追求的充實滿意感是在內在。唯有當一個人選擇向內走，接受他們是創造所有這一切的那一位，領悟到這是一個無限美麗的地方，這時，充實滿意感才能夠被發現。當他們選擇允許自己接受那一點時，就會開始帶回證實那層理解的經驗。而且他們將會以多種對他們來說非常充實滿意、非常有意義的方式，那麼做。

他們將會有一股自己高興地隨身攜帶的豐盛感，感覺到自己與這份豐盛和諧同調。他們將會以自己總是樂在其中的多種方式，感覺到難以置信的豐盛。他們將會領悟到這份豐盛永遠不會被奪走。他們將會因此永不欠缺任何真正來自自己內在本質且偏愛在內在共鳴的經驗，而且這些經驗能夠以絕對神奇的多種方式顯化出來，超越任何魔術師在拉斯維加斯或任何音樂會劇院大廳舞臺上的表演。你聽得懂這個概念的一部分還是全部呢？

傑佛森 謝謝你！所以有一種匱乏感創造出對安全保障的需求以及——

艾淑華 匱乏感並不會創造出對安全保障的需求。

傑佛森 什麼才會呢？

艾淑華 人們創造出對安全保障的需求。在你本是的狂喜之內，在你的無限存在之中，你是極其安全的。然而，「放出什麼就得回什麼」，而且你們世界裡的人們曾經被教導要創造和放出這樣的概念：你是與你的造物主身分斷離的，你是與你無限永恆的豐盛以及安全地體驗它的能力斷離的，因此人們得回了「擁有匱乏」和「必須努力才能確保自己在這裡生存」的經驗。

要記住，你的存在是永恆的。人們愈是接受和理解那個概念，也就是那棵樹，就愈會開始依據這層理解而長出樹枝和樹葉，然後他們將會開始根據這層理解，長出了悟的花朵和果實。他們將會開始種植許多、許多、許多、許多的樹木，將會有一整座都是樹木的果園，其中許多是「果樹」，許多則會提供其他類型有意義的滋養。因為在這層理解之內，有能力創造無限數量的樹木，那是生命之樹的本質，也是知識的果實。當一個人與這種狀況比較和諧同調，領悟到它是真實的，他們就會開始愈來愈不費力地在物質實相中，創造出支持這一點的經驗，因為「放出什麼就得回什麼」，因此他們會放下「需要針對某樣東西勤奮努力，才能創造安全感」的概念。此外，也不會再有「虛假的安全感」被顯化出來，因為目前有許多人曾經長時間依據你們社會的教導修行，最終仍舊失業或是沒有成就感。

許多人上教堂，「好書」怎麼說他們就怎麼做。他們盡力遵照好書中別具意義的用語，即使這本書在今天你們的世界上曾經被許多不同的方式詮釋過，即使詮釋的方式彼此矛盾，而且這一點正是顯示某樣東西並不一致的線索。那本好書有幾百種不同的版本。有那麼多人以那麼多矛盾的方式詮釋這本書。或許人們會開始觸及核心，明白這本書怎麼能一開始就讓人們以任何方式詮釋著。他們因為理解這一點，開始接觸到「自己的實際本質，就是他們正在體驗的一切的造物主」。「放出什麼就得回什麼」，這促使為那本書或任何其他著作創造幾種不同的詮釋，變成有可能的。

當人們開始理解「他們正在創造的所有這些矛盾概念是怎麼一回事」的時候，就會開始選擇創造一個完整的共鳴概念，同時放下那本書。書中與「存在」的無限本質相應的教誨，將會以一種每個人都可以共鳴且和平地同意的方式原封不動地保留下來，因為其中某些教誨與你們永恆的本質連成一氣，而且只有那些將會保留下來。書中的所有其他教誨都只會消亡。

傑佛森—似乎當我們談論創造豐盛時，如果我們的意圖明確，那麼預期的結果就會出現！

艾淑華—如果預期的結果沒有出現，那麼意圖就還不夠明確！那麼說清楚嗎？

傑佛森—非常清楚！謝謝你！

艾淑華—與其放棄地說道：「我研究過一些關於利用吸引力法則創造豐盛的教誨，但是豐盛還沒有出現，所以吸引力法則這東西一定無效。」與其質疑它為你運作的能力，不如就承認它確實有效，承認你一定還沒有搞清楚自己正在放出什麼東西。無論你「得回」什麼，都會讓你知道你實際上在「放出」什麼。當你以種種你所偏愛的方式得回豐盛時，你就會很清楚自己正在放出什麼。

✶✶✶

傑佛森—我可不可以想當然爾地認為，「你的宇宙」有無限種方法可以顯化曾經被要求得到的東西？

艾淑華—是啊！是的，有無限數量的方法喔！

傑佛森—方法之一是否與那些能夠安排同步性的指導靈有關？

艾淑華—是的。指導靈可以提供某種支持，顯化個人正在選擇或打算創造的東西，好讓他們在物質實相中體驗。

傑佛森 這些指導靈是被引導的那個人的一部分嗎？還是這些指導靈就像是具有獨立身分的個人？

艾淑華 這完全取決於你選擇如何定義他們，因為「一即一切，一切即一」。

傑佛森 好的。

艾淑華 所以他們可以被看作來自不同頻率的你、你的不同視角，正在幫助你。或者，如果你願意，也可以選擇賦予他們一個定義，讓他們在特定某方面是不一樣的。你可以選擇將他們定義成跟你是不一樣的。

傑佛森 是啊，但是那樣的話，他們就好像是我自己，因為我也可以說，你是我自己的一部分，因為我們全都來自「一」（One），但是你還是一個個體，你有你的意識，可以說你是一個分離的個體，指導靈也一樣嗎？

艾淑華 你創造出「我與你是分離」的經驗，使你有機會擁有這樣的體驗。如果你覺知到，我所是的一切就是你所是的一切，那麼你就不會擁有這樣的體驗，因為我和你會是完全一致的，在任何特定的時刻裡，我們感知自己的方式都是完全一致的。所以你將無法以這種方式、這種玩法、這種表演、這種類型的體驗，享有這樣的互動。真正歸根結底就是這樣。你目前選擇以這種方式玩耍和互動。在某種意義上，你必須有一些同伴，才能擁有這樣的體驗。所以，你運用自己的想像力創造某些其他的角色，可以交談，可以一起玩耍，有點像是住在鄉間農場上的孩子如何選擇創造一或兩個想像中的角色一起玩耍，那樣的方式讓父母覺得孩子只是在自言自語。在某種意義上，那就是你們現在正在做的事。你只是在對自己說話，對我說話。我是另一個不同視角的你，這讓你可以擁有一段體驗。它可以很好玩，或是你可以創造概念，構想它是令人惱怒的，或是充滿挑戰的，或是令人驚嚇的，或是威脅生命的，或是振奮提升的，或是喜樂的，或是浩瀚的。你就是正在創造你所擁有的體驗的那一位，永遠、永遠、永遠都是。你創造你所擁有的體驗，你是對你的一切體驗負責的那一位，無一例外。

傑佛森

所以，你是否以這種方式運用想像中的存在性，享受著你今天擁有的這個遊戲呢？如果我在這個物質世界中體驗到的一切，都是我的想像力的產物，我的物質身體的感官是振動的詮釋者，那麼我也可以將你視為與我分離的事物，就像我把這張桌子或這部腦看作是分離的。就你之前分享的概念而言，如果我要看見我們兩個人是團結統一的，那麼或許我將不再處在物質形式當中，因為我勢必與「一」（One）完全一致，似乎必須有某種空間、時間和物質性，才能開始有所分別，否則每個人都是上帝的總體存在。

艾淑華

空間和時間只是你們選擇創造的東西，它不代表你們的實際存在性、你們的實際本質。你們選擇創造時間和空間的概念。有許多不同的世界以不同於你們世界慣用的方式，創造了時間和空間。有無限數量的方法，可以創造時間和空間的視角、時間和空間的體驗。也有不包含時間和空間概念的世界，可以被創造出來。有不同的方法可以創造體驗，但是你在這個片刻中，是從你的覺知和存在的物質狀態，來體驗你自己的樣貌，所以你完全無法理解那些方法。

如果你，傑佛森，在永恆的存在狀態中是校正對準且專注聚焦的，那麼你其實不會擁有物質身體的經驗。你也不會以這種方式與我交談。

在物質實相中，你選擇在某種意義上將你的焦點移出無限的非空間、非時間的永恆存在狀態，好讓你可以創造那充滿了生命探索體驗的物質領域的感知。你創造體驗到其他人，你創造「他們是不同的且與你分離」的感知，如此你才能好好玩一玩，但是你就是「一切萬有」，你就是永恆地存在。

你就是萬物，如果你聚焦在這個無限覺知的狀態，就不會有物質身體的經驗，因為在某種意義上，一切萬物存在於此地此時，它們全都是「本然所是」。在某種意義上，你此地此時就是所有那些東西。你同時就是每一樣東西。沒有昨天的意識，沒有明天的意識，不知道五分鐘前你做了什麼事，不知道你從現在起五分鐘後要做什麼事，因為你已經是所有那些東西，當下已經覺知到所有那些東西。所以你無法從這裡到那裡，因為你已經在這裡和那裡。你不能從五分鐘前到現在起的五分鐘後，因為你已經在五分鐘前，也在現在起的五分鐘後。你已經是所有那些東西了。你不能被誕生出來，體會是五歲、長成六歲、長成十歲的經驗，因為你現在已經是五歲、六歲、十歲了！

傑佛森——有意思。

艾淑華　你無法進廚房煮蛋，製作歐姆蛋，然後看著起司熔化，因為你已經是蛋，你已經是正在融化的起司，你已經是歐姆蛋，你已經是你正在食用歐姆蛋，你已經是被食用的歐姆蛋，在某種意義上，你已經是此地此時的所有那些東西。所以當你從那個無限覺知的層次運作時，會覺知到所有這些東西同時存在，你就無法擁有煮蛋的經驗，或是從五歲成長到六歲的年齡發展經驗，或是昨天、明天的經驗，因為你已經是昨天，而且你是今天，而且你是現在，你是所有那些東西，因為在某種意義上，一切就是此地此時。你開始了解這個概念了嗎？

✷✷✷

傑佛森——我了解，但是那似乎不好玩。如果你已經是一切，那重點是什麼——

艾淑華　嗯，只是你們一直被教導用那樣的方式感知這個概念。

傑佛森——噢。

艾淑華　因為無限覺知的狀態是絕對狂喜的狀態，超越你們在物質人生裡想像過的任何東西，我敢向你保證！

傑佛森——我以前聽過這樣的說法！

艾淑華　我們無法向你證明這一點。就那層意義來說，「證明」等於是品嚐布丁。只有當你開始願意將這一點定義成你自己的一個面向，成為你自己的一個實相，然後同時要求開始擁有更多可以反映這個概念的經驗，只有到那個時候，因為「放出什麼就得回什麼」，你才能夠像品嚐布丁一樣，開始得回為你逐步證實這一點的經驗。於是，你會開始得到證明。你會愈來愈感受到更多這樣的狂喜，然後你會開始更願意承認：「是的，那比較符合我的實際本質，是我比較偏愛的，它讓我感到恢弘壯麗！」身為活在這個地球世界裡的人類，截至目前為止，你們只是略微體驗到你們無限本質的實際強度！

傑佛森　主要的概念就是這樣，對吧？

艾淑華　在某種意義上，那是你們集體基於各種原因所做出的選擇。

傑佛森　好的。

艾淑華　所以現在正在聆聽我說話的你，似乎正在選擇離開你們實際本質的永恆、全知、無所不知的狀態，才可以擁有這段物質體驗。好好記住那一點，但我們並不是說，有一個目標是你要回到那個無所不知、全都知道的地方，因為你實際上已經在那裡了。如果你聚焦在回到那個覺知的狀態，那麼你似乎就必須離開這個你現在聚焦專注的地方，於是你將不會擁有你現在擁有的活出今生的覺知，因為今生需要你擁有過去、現在、未來的感知。所以那不會是我們建議你們去做的事。

再說一次，我們不會建議你們設定一個目標，回到可以處在這種無所不知的覺知狀態。你們已經在那個地方了，但是你，傑佛森，正在選擇創造你在地球上擁有一段物質體驗的概念，因為在此時此刻，那實際上是最適合你的。所以當你領悟到這一點，也願意放下「嘗試回到那個無限存在（infinite beingness）的全知狀態的地方」的概念，忘記嘗試回到那裡，那麼你就已經在那裡了，你已經是所有那些東西。我們提出的概念是，學習承認你已經是萬物，也領悟到你是在物質實相中創造互動的大師，於是你可以記住如何以種種對你來說是開心的、揭示的、誘人的、喜樂的方式來創造，以種種對你來說將是迷人、愉快、有意義、有目的、充實豐富的方式，而且感覺起來就像你所偏愛的莫大豐盛，來擁有在你們的世界裡、你們生命中的種種閱歷。你將會完全沒有意識到任何安全保障的需求，因為你將會體認到，你的安全保障已經無限地得到保證，只因為你是無限的存有。

我們想要在這裡建議的是，「只要願意跟隨你的心就好」，因為你的心知道，對你來說今生要經歷一些什麼是最愉快的。你的心毫不猶豫地以種種方式向前邁進，那對你來說將是最大的喜樂，那將會在今生為你提供最大喜樂的體驗，那也將會是最有意義的，而且以你偏愛的種種方法，賦予其最大的目的感以及獲得保證的最大豐盛感。

你的心能以這些方式引導你，因為它與你實際存在的無限狀態更連成一氣。它是不會辜負你的指引機制。對許多人來說，需要花時間學習如何重新接觸這個由衷感受到的內部指引系統，因為它是那麼的簡單。它是那麼的不費力，對許多曾經奮鬥許久的人們來說，可能很難找到它的所在位置，因為這些人曾經帶著那麼多的心智重擔，而且感覺沉重、沮喪，這些人曾經被教導了那麼多沉重而嚴肅的概念，這些概念過濾掉且模糊了讓他們看得更清晰、更輕易、更不費勁的能力。

你們要再次學習如何體認到來自內心的、細緻美麗的感官覺受（sensations）和感受（feelings）。內在的這套無限知曉的指引系統，就像是內部的生命之樹、生命之果，擁有知識和無限的理解，它們總是源源不絕，能以多種始終隨手可得的方式，供你領悟、品嚐、用餐。那顆由衷指引的果實不會且不可能消亡，也不需要將其密封在塑膠袋內，放入冰晶體構成的黑暗冰盒內。它是永恆的，因此不需要得到保證。它在你裡面的存在是無限的。

當愈來愈多人願意將自己的心定義成指引機制，那將會允許他們在這次的化身、在當前的物質生命裡，與他們最真實自我的道路和目的更加連成一氣，如此一來，要他們在某種意義上打開那個「心智的冰盒」，就變得比較容易，然後拿出那些裝著老舊的冷凍結晶概念和信念的小塑膠袋。他們可以輕易地解開和處理那些老舊、冰凍的限制和分離定義，然後享受永恆知識的新鮮果實，知道他們的心可以不斷引導他們，始終一致地提醒他們，讓他們能夠享受更多生命的實際韻味、香氣和成分，在某種意義上，它們具有無限的維生素和礦物質，可以促進生理機能的主體、感覺的主體、心念的主體、心靈能力的主體、心理狀態的主體、你的靈性存在的主體，而且每天以最滋養的方式、最療癒的方式那麼做！

✶✶✶

傑佛森　艾叔華。

艾淑華　是。

傑佛森　就感知時間和時間的一體性的能力而言，你們社會和我們社會之間的主要差異是什麼呢？

艾淑華　我們將自己定義成是「自己的實相的創造者」，因此被連結到「一切萬有」，創造「一切萬有」。我們要再次與你們分享，你們的世界已經選擇了探索分離和限制的概念。為了做到那一點，你們領悟到必須創造「你們與造物主是分離的」，以及「你們不是自己的實相的創造者」的概念。就這樣，你們創造了「有一個造物主在你們之外」的概念。但因為你們實際上是自己的實相的創造者，所以這個概念與你們的實際本質是相對立的，而且因為「放出什麼就得回什麼」，你們開始在自己的經驗中發展出另一個世界，在這個虛幻的世界裡，你們與「自己實際上是創造者」的這個覺知，逐漸失去聯繫。你們開始與這顆知識之果以及它的無限生命之樹失去聯繫。許多世代以來，你們一直放出這些實際上與實際本質相反的概念，將有覺知的自己拋出了永恆知曉的花園，也就是你們永恆的伊甸園、由狂喜的實際本質構成的永恆天堂。在某種意義上，你們忘記了自己永恆的本質，似乎與它脫節了。你們實際的存在狀態就在真正的伊甸園裡。當你覺知到自己真實的存在狀態時，就是與伊甸園和永生之樹上的知識之果有所連結。你覺知到它了。就那一點而言，你理解自己的實際本質，知道了自己的實際本質。

但是，你們在過去選擇了將那樣的信息從覺知狀態中驅逐出去。你們選擇相信「自己是分離的」，以及「你們的創造者是在你們之外」。久而久之，這就創造出了已經被往回投射到你們身上的電影、戲劇、體驗，持續好久以來都是分離的，沒有東西可以滋養你們、圓滿你們，為你們提供「你們是完整、完全、充實滿意」的感受。

你們整個社會開始感覺好像它欠缺了什麼，於是開始創造「這會圓滿你」或「那會圓滿你」的想法。那本好書裡可以找到許多這些不和諧的教導，它們全都只是胡蘿蔔的變形，懸吊在你們面前晃來晃去。你們愈是聆聽那些信息，放出的那些想法就愈多，你們得回的體驗就愈無法真正觸及胡蘿蔔。因為那些想法和信念，都與你們的實際本質不相符。當你們放出與實際本質不相符的東西時，你們就不斷地在「生命的電影銀幕」上得回與實際本質不相符的經驗或映像。你們繼續參與在那些與實際本質脫節的演出中。這感覺起來不舒服，尤其是當這樣的事已經做了好幾千年，就像你們的社會一直在做的。它感覺起來的確好像缺了些什麼。

所欠缺的是真實的知曉、真實的果實、真實的伊甸園，簡單來說即是「你就是造物主」。你一直都是。它並不是在你之外，它就是你，它始終在你裡面。它永遠不會被人從你身上奪走，但是你一直找方法去建立感知，認定它不是你的本質，而且就那一點而言，你確實創造了分離的概念。你以那樣的方式創造了視角，認定造物主已經被人從你身上帶走，但那是幻相。那麼多人還活在這個幻境、這個幻相之中，以為他們的造物主在他們之外。

我們並沒有在社會中創造「與造物主分離」的概念。因此對於你的提問，我們會說，那是主要的差異。我們知道我們是誰。我們知道我們是造物主，我們知道我們經歷的一切都是我們，也都是那位造物主，即使它是從不同的觀點、不同的視角出發，就好像是不同的生物、不同的生命形式、不同的心念、不同的感覺。

我們知道我們是誰！這並不意味著我們無法以新穎而迷人、興奮雀躍的、充滿愛意的、滋養哺育的、由衷擁抱關係的方式，體驗自己的各個面向。知道「我們是誰」，並不會將我們擁有種種驚喜的能力排除在外，更常出現的是那份理解的本質之真諦。

你們愈是了解你們是誰，愈是擁有豐富、喜樂、迷人的經驗，因為迷人、喜樂、振奮提升的經驗是無限的。它們並不是限量供應的；在「存在」的實際本質中，它們是不虞匱乏的。所以我們知道「我們是誰」。你們的世界選擇去創造一個「你們不知道自己是誰」的世界。那是你們做出的選擇，為的是擁有特定類型的體驗、特定物質世界的經歷，那個不知道自己是誰的世界。那個選擇是主要的差異，它讓你們能夠創造匱乏的經驗、需要做一些事才能讓餘生有保障，如此等等。

我們絕不會試圖貶低你們已經做出的選擇。它是一個迷人的選擇，與我們已經做出「知道自己是誰」的選擇，具有同等的價值。它在我們看來是具有同等價值的選擇，就「你的宇宙」而言，就「存在」而言，也是具有同等價值的選擇。它是一個同等的選擇，我們發現你們已經做出的是一個迷人的選擇。

我們感激有機會探索和體驗你們如何邂逅那個概念。我們也感激你們已經選擇了讓我們和其他許多老師回來，幫助你們再一次重新連結對於實際本質的理解，讓你們可以放下受限的陳舊概念，不再認為「你們不是造物主」、「你們是分離的」。因為那個陳舊受限的概念，將不再以你們目前偏愛的任何方式為你們提供服務，它只會使你們經歷更多的痛苦、更多的迷霧，以及較少的清明、更多的內疚、更多的貶低，以及較少的喜悅、較少的價值、較少有價值的感覺。

你們的實際本質具有無限的價值。創造「分離」和「造物主在你們之外」的概念，只會支持並帶回無價值，以及欠缺榮譽、尊重、價值、愛的體驗，因此在一個繼續創造這類戲碼和幻相的行徑、魔術、神奇幻相的世界裡，對安全保障的需求也隨之而來。你們全都是偉大的魔術師，在某種意義上創造著一場你們許多人已經將自己的心從帽子裡抓出來，並且讓它消失不見的演出。不久之後的某一天，你們將會以集體社會的身分，全都讓自己的心重新出現，屆時，人類的觀眾將會鼓掌叫好，久久不息。一定會有一次起立熱烈鼓掌，諸如此類的事從來不曾記錄在你們的男性歷史中、女性歷史裡，無論你們偏愛哪一個。

艾淑華 你明白了我們社會與你們社會之間的主要差異是什麼了嗎？

傑佛森 明白了！非常感謝你！艾叔華！我非常享受這次的交流！

艾淑華 你確定？

傑佛森　我很肯定！我很確定，而且我可以再說一遍！我非常享受這次的交流！

艾淑華　你可以數一數那些方法嗎？

傑佛森　可以，但是那樣的話，我們會到下個月還在這裡喔！

艾淑華　噢，曉得了，感謝你！

傑佛森　感謝你。有機會與自己的另一面交流知識，總是令人欣慰的，對吧？與創造的另一個面向！

艾淑華　對！我們同意你的看法！

＊＊＊

傑佛森　所以，今天你有什麼臨別之言，想要跟我們分享呢？

艾淑華　我們感謝你們參與這次的互動。非常高興有機會與你們一起分享這些想法。我們很感激你們願意花時間詢問這些問題，以及探索這些想法和概念，讓我們可以提出關於你們分享的這些想法和問題的相關視角。我們認為這些信息是有價值的。對我們的社會，以及我們覺得在這個欣喜若狂的「你的宇宙」中享受他們的理解和體驗的許多其他社會來說，「我們全都是同一個，同一個當中的我們也等於全部」一直是某種價值。

關於你們今天與我們同在和參與，我們再一次認可且理解你們騰出來的時間。我們感激這一點，因此對我們來說，那是莫大的喜樂，可以透過這些方式與你們交融、分享、互動。在我們說再見之前，你還有其他事想要補充說明的嗎？

傑佛森　一件事，艾叔華，只有一件事。你們的宇宙聯盟裡有多少個國家？

艾淑華　大約有四百個。基於各種原因，那些數字會改變。

傑佛森　好的，我就是要這個答案。改天我們一定會繼續提出其他問題詢問你。真的，這對我來說是一種喜樂。我體認到且非常感謝你和你們的社會，以及在這裡與我們互動、也有意願分享這些創造觀點的每個人！

艾淑華　感謝你，親愛的！滿滿的愛和喜樂獻給你們和你們每天的體驗！

傑佛森　感謝你！

艾淑華　我們很快就會再見到你們。別忘了莫大喜樂的巨龍這幾天在你家附近飛來飛去喔。

傑佛森　明天早上我會在那裡！

艾淑華　太好了！祝你好運！

傑佛森　祝你好運，艾叔華！謝謝你！

✶✶✶

以下是傑佛森造訪加州舊金山中國城之後，與艾叔華對話的部分內容。

艾淑華　我們提出下述概念。在大天使米迦勒（Michael Angel）之前，在你們地球上的天堂體驗的眾太陽之前，在你們前來看到這個世界之前，在你們來到這裡探索這個生命的概念之前，有一個關於生命的本質以及那一切如何運作的美麗概念，而且你們理解這個概念。你們已經隨身帶來這個概念。

傑佛森 好的。

艾淑華 對你來說，這個概念的象徵有一張非常大的翅膀。它有一根非常大的脖子，有一條非常大的尾巴，有一顆非常大的眼睛。似乎能夠隨意穿越物體，似乎能夠隨意飛入你所在的這個地方、這個空間裡的每個想法、每個片刻。現在，在你們今天的世界裡，你會把它想像成一條龍，但是那個形狀只是象徵你內在攜帶的概念。存取那個概念才是關鍵！

我們感知到你已經失去了與那個概念相關的某些連結，以及那個象徵最初對你來說是什麼。你最近造訪了這片在某些方面以龍為象徵的土地，可以跟我們談談你在中國城裡體驗到了什麼樣的街頭文化嗎？

傑佛森 它讓我想到風（wind）、火、水、土等元素。它更加深了我可以弄彎物體的概念，因為如果我們領悟到生命的真相，就可以用腦和心弄彎實體物質。

艾淑華 那對你來說感覺如何呢？

傑佛森 感覺棒極了！感覺好像我是煉金師，而且我可以表演那些東西，只要我願意！

艾淑華 你現在正在那麼做嗎？

傑佛森｜以種種主觀的方法，例如在夢中或是在我的想像裡，但不見得是在物質世界中。

艾淑華｜為什麼這樣呢？

傑佛森｜因為我仍舊相信這是真實的！

艾淑華｜什麼是真實的？

傑佛森｜物質。

艾淑華｜物質？

傑佛森｜實體物質，牆壁、建築物、電腦。

艾淑華｜可是你就是將形相變成那些形狀的煉金師啊！

傑佛森｜所以你是說，在我來到地球之前，我有一條尾巴嗎？那真有意思。

艾淑華｜不是，那是那個象徵的一部分。

傑佛森｜噢。

艾淑華｜你根本沒有任何那樣的形相。那只是一個象徵，你可以用它來保留你與「那股能量到底是怎麼一回事」之概念的連結。

傑佛森｜原來如此。

艾淑華｜你來到地球上的這個物質身體裡，為的是探索某些元素：土、風（air）、火、水，以及乙太（ether）或普拉納（prana，譯註：印度醫學或瑜伽名詞，是一種生命能量，相當於中國的「氣」）。你來探索這些元素，而且就那方面而言，要成為煉金師，看看當個煉金師、巫師、魔法師，該如何塑造這些、轉變這些。

傑佛森　好的。

艾淑華　你跟其他人一起來到這裡，為的是與那些元素合作。你來到這裡之前，就知道你很可能會失去你的真實「自我」的某些覺性，但是你想要來這裡，為的是以全新的方式成為煉金師。那個象徵是一種方式，提醒你或讓你重新連結到你的內在覺性，明白你是煉金師。龍的象徵就像是一顆你可以想到的「心石」（heartstone），因此讓你想起你那個比較真實的「自我」。

傑佛森　原來如此。

艾淑華　你覺得在這個你們全都要一起探索的陌生又有限的地球世界裡，這個象徵可以使你不至於迷失方向和失去希望。你們想要來到這個新的世界創造新的東西，要以完全不同的方式看見生命。跟你一起來到這裡的那些人，覺得那個象徵可以保留在你們的覺性裡充當燈塔，始終在你們對著它靜心冥想的時候，召喚你們回家。你們感覺到那個象徵裡的能量，可以使你們重新連結到那層理解，明白在你們之內始終擁有完整的畫面。

傑佛森　好的。

艾淑華　這是關於那個象徵的一個概念，不是唯一的概念。

傑佛森　噢。

艾淑華

針對那個象徵靜心冥想，連結到它在你之內象徵的概念，將會在這個時候幫助你。它將會幫助你解決之前跟我們談過的主題相關的事務。它將會幫助你處理與工作相關的事務，而且以你最近跟母親對話時談到的方式與他人互動。你跟母親談過職場上的人們，以及為什麼你對他們有那些看法。你也跟母親談過朋友們，諸如他們現在都在哪裡，有多少人是朋友，多少人不是朋友。身為煉金師，你必須了解如何更充分地融合對這些事務的覺知感。在你這麼做的過程中，老舊的信念將會開始為你而解體。

你有一條長鏈條，很長的鏈條，你讓它纏繞著你自己。它已經纏繞你好些時間了。它準備鬆開，準備解開鏈環。它準備被移除掉，好讓你可以更加覺知到在龍的象徵出現之前，你的狀態看起來是什麼樣子。

從龍的嘴巴發出的火焰，是使你能夠蒸發鏈環的火焰。你可以熔化那些鏈環。然後透過你的法術，它們將會以煉金的方式被修改。這麼做之後，你將在自己的「了悟花園」裡找到兩朵盛開的「新花」。

傑佛森

好的。

艾淑華

當那種情況發生時，你會更輕易地知道，在生命中採取行動的時候到了。可能因為你目前居住的公寓而行動，或因為你目前專注的工作而行動。當這兩朵「新花」盛開時，你會完全明白。在那之前，我們請你要有耐心，這樣才能開始感覺到那朵花已經存在，而且它的香氣縈繞著你。它也將是在你身邊的另一位嚮導。你從這個過程取得的「理解香氣」，將會擴展你對生命的了悟，然後你將會以比較理解和好玩的方式，感知到你與母親談到的那些朋友類型及職場互動。你很接近這個樣子。

傑佛森——好！真的很好！

艾淑華　很高興與你有這樣的互動！

傑佛森——是，我也很高興與你們有這樣的互動！

Chapter 11

艾叔華第一次得知地球

要臣服於這個概念：
你們的心知道方向，
而且將會以感官覺受上的
莫大喜樂感，來引導你們。
你們愈是這麼做，
愈能夠不費力地體驗到：
為了讓你們以創造出最大喜樂感
的多種方式得到支援，
你們已經擁有所需要擁有的一切，
而且也會在你需要知道的時候，
知道所需要知道的。

——艾叔華

艾叔華｜很開心可以在這些下午的交融時刻在此與你們同在，陪伴你們創造今天下午的存在體驗！你好嗎？

傑佛森｜我好得不得了！非常感謝你。歡迎回來！

艾叔華｜很高興在你們日子的今天下午可以在這裡！你們希望在這次互動中如何演出、如何一起創造一個全新的第三實相，可以因此帶來能夠與他人分享的新概念，然後以那樣的方式和形式結合某種更高的頻率，用更大的力量結合最牢固的關係，讓我們在未來的某一天可以真實地相聚在一起、彼此相會，以一種物質的方式，以一種實體接觸且和平、喜悅、提升、充實的形式，是的。你們希望如何互動呢？

傑佛森｜艾叔華，在你目前參與或曾經參與過的一切娛樂活動中，你現在或以前最喜歡哪一項？

艾叔華｜就那方面而言，我沒有感覺到某一個比另一個好。人生一直是成長和享受不斷擴展的感官覺受。我並沒有創造出能夠以某一種方式運行，再以另一種方式比較的器官，沒有創造出某樣東西比另一樣東西更令人愉快，因為在每時每刻裡，都是我有可能帶出的最愉快體驗。

我知道在每一個看似連接到你們所謂的未來的時刻裡，我都會擁有充實滿意的全新喜樂體驗。所以，我不會回頭將它跟過去體驗過的某樣東西比較，創造出某一個比另一個更令人愉快的想法。就那一點而言，我並沒有創造一個參照架構，追溯到某個過去的時間並詢問：「當下這一刻是否比那天那一刻，或是我人生旅程中成長和體驗的那段時期，更加喜樂呢？」我只是容許每一刻都是最喜樂的時刻，同時知道未來將會發生的事對我來說一定會是喜樂的。我讓它是那個樣子，不需要回到過去，嘗試以那種方式來比較和對照那個想法。你懂得那一點嗎？

傑佛森｜懂！謝謝你！艾叔華？

艾叔華　是。

✶✶✶

傑佛森｜你的星球存在於哪一個維度裡？是第四維度嗎？

艾叔華　我們的星球確實有第四維度存在。現在這時候，我主要是處在第五到第六維度的意識轉變狀態。所以，就物質星球而言是第四維度，就意識狀態而言，則是從第五維度轉變到第六維度。

傑佛森｜好的，原來如此。那麼，為了適應你們的星球進入第五維度頻率，你們的種族或是你需要做出哪些生活型態的改變呢？

艾叔華　我們知道，無論需要做出什麼樣的改變，都會以恰當的方式在恰當的時機發生。所以就那一點而言，我們並沒有某種計畫或目標，認為某些概念需要被滿足，才可以融入新的維度。我們不知道新的維度會是什麼樣子，因為在那方面，我們不曾以目前的覺知狀態到那裡。當我們確實覺知到已經到達那裡時，無論在那個新的意識維度裡是什麼樣子，它都會完全不同於我們在當前的位置，也不同於在當前的覺知維度裡可以想像到的任何東西。所以就那一點而言，我們並沒有制定適應新維度的計畫，除了始終保持著最大的喜樂！

我們允許自己快步前進，每時每刻都選擇對我們來說是最大喜樂的道路。因為我們這麼做，所以知道在邁進至那個下一維度之際，它將會如其所是。那對我們來說是最喜樂的。我們將會為它做好準備，純粹是因為我們一直沿著最大喜樂之路，做著我們所能完成的最喜樂之事。我們知道選擇這條路會為我們提供所需要知道的一切，讓我們在到達那個新的維度時，是最充分準備好的，是最有能力欣賞它的，而且承認它、體認到它，並以賦予了我們最大的意義感、目的感、嬉戲感、興奮感的多種方式，在它之中互動！

傑佛森　你認為我們的社會可能需要做出哪些改變，才能方便我們接下來在維度方面向上提升呢？

艾叔華　要臣服於這個概念：你們的心知道方向，而且將會以感官覺受上的莫大喜樂感，來引導你們。你們愈是這麼做，愈能夠不費力地體驗到：為了讓你們以創造出最大喜樂感的多種方式得到支援，你們已經擁有所需要擁有的一切，而且也會在你需要知道的時候，知道所需要知道的。

放掉「你們需要規畫，才能夠前進到下一個維度」的想法，改為允許自己變得更與你們的心同在，更由你們的心的感官覺受去引導，什麼感覺起來像是你們能夠移入的最大喜樂。要盡你們所能採取那些最大喜樂的步驟。

你們的社會將會開始更充分地教導那個概念，開始接受那個概念，開始跟隨自己的心，藉此為自己提供莫大的服務。

傑佛森

從你們的視角看，存在於第三維度的人體與存在於第四維度的人體，主要的差異是什麼？

艾叔華

你們運用更大量的語義學來定義這些字詞。你們有物質空間的概念，可以在其中向左移和向右移、向上移和向下移、向前移和向後移。這些使你們在那方面有運動的維度感，彷彿有三維的空間存在：左／右、前／後、上／下。這可以是X、Y、Z軸，三維。然後，你們可以考慮加入過去、現在、未來的感知，將「時間」視為第四維。所以這是一個你們存在其中的四維物質實相的概念。

不過，你們的意識可能具有完全不同的維度架構，與這個三維或四維物質空間時間維度的概念，是不一樣的。你們的意識可以在它調頻進入的維度、頻率、意識裡，擁有完全不同的維度體驗、頻率體驗、意識體驗。

在某種意義上，你們整個社會現在在逐漸移入第五維度的意識，在這裡，「心」與你們的覺知狀態有更大的連結，更能夠允許你們和那個與自己的實際本質比較一致的意識，可以和諧同調。

你們一直處在非常濃厚的三維意識之中，容許自己與「心」產生莫大的分離感。再說一次，這個意識的三維不同於有 X、Y、Z 軸空間——左／右、上／下、前／後——的物質「三維」概念。因此，就這方面而言，重要的是體認到維度的區別，包含你們最專注的物質空間和時間的維度，以及意識的維度。

當你們進入意識的第五維度時，仍然可以擁有時空維度的三維體驗，加上時間做為第四維度。它們可以共存。你們可以擁有帶著第五維度意識的三維物質世界。這麼一來，你們就有能力在以三維的概念互動時，心裡是更連結的。你們可以更覺知到如何在三維性、物質性的世界裡，應用時間的概念，而且可以更好地掌握第四維度物質實相的概念，那是空間 X、Y、Z 軸加時間的概念，也就是物質實相中的四個維度。然而，請記住，你們的意識並不具有任何的物質性。

傑佛森 我聽明白了。

艾叔華 這確實允許你在物質實相裡創造三維物體的感知，但那是一種幻相。

傑佛森 當你們的星球在物質上從第三密度（density）轉變到第四密度時，你在你們的星球上嗎？

艾叔華 在那個轉變期，我並不在目前的化身裡。

傑佛森 你聽過長輩們談論那件事嗎？有什麼書描述那件事嗎？那件事是怎麼發生的？人

們是如何改變的？

艾叔華 我們社會裡有一些人聚焦在掌握那樣的信息。這不是我聚焦的重點，因為我跟它不起共鳴，但是對於那些與它產生共鳴的人們來說，它確實提供了某種功能。它給予我們某種意識和語言的載體，使我們能夠與像你們這樣的社會互動，讓我們可以進行語言、詞彙的翻譯，可以翻譯你們如何創造了那個你們感知到自己活在其中的世界。所以它確實為我們提供了某種功能。

非常擅長從事這件事的人們，為我們提供了與你們的世界連結的能力。在某種意義上，他們就像是網絡的電信專家，知道如何將我們與你們的社會有效地連接起來，然後我們能夠以像我現在這樣的方式，單純地與你們溝通。但是，我自己專注在那個轉變的面向，跟他們不一樣。它不是非常需要我勤下工夫的東西，然而我們有其他人非常樂於投入那些從某個維度轉變到另一個維度的概念。

傑佛森 當物質性從第四維度移動到第五維度時，你是否知道你們物質身體內的主要差異是什麼？

艾叔華 我想它將會更輕盈一些，而且將會在比較快速的振動中移動。置身較低維度的人們可能會看見我，然後覺得我變得很像幽靈，有點看不見。

傑佛森 輕飄飄的嗎？

艾叔華 是的。我想我不會感覺到自己在那方面做了很大的改變。我還是會感知到我的身體而且自己是在身體裡，但是我會理解到某個變化正在發生。我會理解到它是一個較高頻率的身體，有能力更流暢、更靈活地做事。它將是不那麼靜態的，而且適應性是比較強的。

然後在某些時候，我一定會有新的想法進入腦海，想著如何趁著在這具身體內的時候探索生命，做一些以前做不到的事。我將以略微不同的方式在自然景觀中移動。我將是比較能夠快速移動的，或許有點飛行的能力，在某種意義上，不聚焦在從某個位置的頻率移動到另一個位置的頻率的那些概念上。身體可能會變得更輕盈一些，而且比較靈活，比較有可塑性，我可以就這樣存在於某些物質性的世界裡，你可能會說，我可以在水面上漫步。那不會是特例，因為一定會有其他人已經一輩子都做著那樣的事。他們會明白這很了不起，是的，但是如果我要在水面上漫步，他們並不會因此站起來讚美我或崇拜我。它不會是什麼了不起的事，他們並不會跪下來或開始向我鞠躬。

傑佛森——或許那可以幫助其他人在他們內在找到那份特別的能力。

艾叔華 其他人可以學習，是的！

傑佛森——你們曾經與來自其他星球的五維存有互動過嗎？

艾叔華 是的，當然！在我今生的經驗裡，我們一直那麼做，而且持續定期那麼做。

✶✶✶

傑佛森——艾叔華，你認為在你的簡歷上，最意義重大的經歷是什麼？

艾叔華｜每一個片刻都是啊！再說一次，那個概念就跟你之前問過的「我最喜愛什麼時刻」是一樣的。對我來說，真的就是那個樣子。

傑佛森｜原來如此。

艾叔華｜就那一點而言，我並沒有一個「最」。我不在那方面創造可以比較的東西。你懂得那個概念嗎？

傑佛森｜懂，懂，懂。那麼，就文明而言，關於成就，你們文明的最大成就是什麼？

艾叔華｜我們會讓你從自己的視角描述或定義「成就」，然後從那裡開始探討。

傑佛森｜好吧。從我的視角看，成就關乎致力於某件事，直到我成功完成為止。

艾叔華｜好的，謝謝你！請再問一次那個問題？

傑佛森｜你們社會的最大成就是什麼？

艾叔華｜我們每天都有許多成就，但是如果要問「最大的是什麼」，那表示有些成就或許不是那麼大。所以再說一次，概念是「它們都是同等的成就」。一個目標始終與我們的任何其他目標，具有同等的價值。

傑佛森｜我聽明白了。

艾叔華｜所以就那一點而言，我們不認為某一個是最大的，或是比另一個更重要或是更意義深遠。它們對我們全都具有同等的價值、同等的含義、同等的重要性，無論我們在任何特定時刻完成的是什麼事，這都容許我們在每時每刻擁有比較充實滿意的經驗。

✶✶✶

傑佛森 身為太空兄弟，或許你們曾經在許多不同的方面遇到各式各樣的課題。所以你們是否發現過什麼課題處理起來很不舒服？

艾叔華 根據我的經驗，打從我出生以來，就沒有感覺過有什麼無法處理的課題，那些課題都彌漫著一股深度的安適感。從課題的孕育開始，就有安適存在。因為熟悉那個課題，在那個體驗中就存有安適。當我對課題的性質有更多洞見時，就會有因為獲得那份洞見而存在莫大的安適感。當我開始想出可以協助或參與解決課題的做法時，我在那個過程中也得到莫大的安適感。由於我與課題相關的各方之間有了更大的理解，在那些理解擴展之際，我也開始體會到莫大的安適感。當相關人員開始表達他們的想法和意見，分享他們與那個課題相關的經驗時，我在那次經驗裡、在如此揭露的過程中，在沿著自己的人生道路往前行且經歷著這些步驟的時時刻刻裡，都體會到莫大的安適感。

我知道「經歷這個課題」是我生命的一部分，「我如何穿越它」也是我生命的一部分。我知道當我面對發生在生命中的任何人事物，我都可以體驗到莫大的安適感和喜樂。因為我知道就是這樣，而且我選擇去體驗並放出那個想法，所以我得回了穿越它的機會，也讓其中的所有想法都是令我安適的。因此，即使是在解決過程中，當你可以感知到課題或相關各方何時可以達成某種協議時，在那之中也有莫大的安適感存在。

從一開始，以及在解決過程中為所有相關各方建立通信線路的過程中，都有安適存在。那裡有安適存在，而當所有相關人等離開，朝著他們自己的方向、自己的道路前進時，也同樣有安適存在。在那之中也有莫大的安適存在。在安適就在於，知道相關人等能夠以他們覺得最被充實豐富的方式來接收和成長。在某種意義上，將特定的課題帶進我們的覺知領域，是非常令我們安適的過程。那些是機會，絕不是障礙或問題。我們接近這類機會，把它當作是一種喜樂，我們可以在其中發現自己和其他相關各方的那些面向，並對於他們如何體驗人生、如何看待生命、如何定義生命等，連結得更緊密，更和諧同調，也讓我們可以與他們分享那一切。

傑佛森 原來如此。

艾叔華 就這樣，我們開始處在類似的波長上，彷彿我們正在一起演奏音樂，像音樂家一樣聚在一起，沉浸在令參與者安適的和諧氣氛裡。它是一個非常令人安適的過程。沒有問題，沒有障礙，沒有衝突。整個體驗是非常令人安適的。你懂得這個概念嗎？

✱✱✱

傑佛森 懂。我要再請問你另外一件事。

艾叔華　好的！

傑佛森　我們回到你的過去，或許是在你的這一生中。你能夠記得或回憶起你第一次聽到別人談到地球嗎？

艾叔華　等一等。

傑佛森　那是什麼時候？當時你在哪裡？你幾歲？

艾叔華　我大約四歲。

傑佛森　你四歲，在哪裡？

艾叔華　我跟我的家人在一起，還有你們可能會稱之為長老，但絕不是比較有智慧的人，你可以說，他們只是比較聚焦在擅長引導和啟發我們星球上的年輕人，聚焦在讓年輕人接觸到他們今生想要做的事。長老可以幫助年輕人體認到內心裡的微妙推動，讓年輕人可以更輕易地體認到「那是他們感覺到對自己來說將是莫大喜樂的道路或途徑，或是可以據以建立未來道路的初始路徑」。

傑佛森　太奇妙了！

艾叔華　那有點像美洲原住民或土著文化的協商會，你們星球上有時候還會這麼做。他們與那個家庭、那個孩子，以及在你們世界的文化中有時候被譽為元老或睿智族長的某些人，相聚在一起。

當我與家人和某些長老聚在一起時，他們開始幫助我更全面地學習這個過程如何運作。在這樣的體驗中，我開始看見某個生命互動的特定途徑逐漸開展，那將是莫大的喜樂。

傑佛森　好可愛喔！

艾叔華　而且我感覺到莫大的喜樂啊！我感覺到一波波莫大的喜樂，而且川流不息！它們就是不斷流經我！這樣的情況在那次會面、那次協商會裡持續的時間，在你們看來會是很長的一段時間。太陽高高升起好幾天，而我不斷感覺到這股流動、這份喜樂！它非常強勁，而且與我有能力跟地球上的某些人互動有關。那是我的開始，我最初接觸到地球的概念，當時的參照架構是四歲的艾叔華化身成雅耶奧人。然後我開始接觸你現在正在聆聽的這個人（肖恩），他今生是你們世界的通靈管道。我以某種特定的風格、某種特定的方式跟他接觸。那個接觸發生在好久以前，在他目前的化身裡，而他才剛剛開始領悟到。

莫大的喜樂流經了我的覺知、我的生物機體，以及我的空靈（ethereal）和感覺狀態。它帶著莫大的喜樂，而我覺知到，這是我有機會以我知道對我來說必是莫大喜樂的方式，去完成、去互動、去分享的東西！

我已經理解到我懂得運用語言。當時，我已經與三百多個不同的外星種族社會溝通過，具有某種非常強大的翻譯本領，強大到家族中的許多人以及社區內和種族文化裡的人們，都能夠確定我在這方面具有強大的技巧和能力。在我覺察到這個能力之前，我的家人就能夠非常明確地感應到。他們感覺到我的莫大喜樂來自於領悟到我與地球的連結。然後，他們也第一次開始意識到，這將是與地球人類互動的機會，並且以一種對地球的社會勢必大有裨益的翻譯形式。

所以，回到那個協商會。在場的人們都知道，我有本領擔任翻譯，與外星種族溝通。他們的想法是，我選擇以擔任翻譯的方式提供服務，這八成就是我與他們舉行這次特別的協商會所得出的結果，但是他們並沒有覺察到，那件事會與一個叫做「地球」的地方有關。在那場協商會召開的時候，我們知道地球是一顆行星，是的，我們有這方面的知識。它是一顆我們有些概念的行星，而且以前曾經互動過，是的。在我們的互動收藏庫裡，我們知道地球這個地方。

由於連結到與地球互動的概念，因此那時候，大家開始更了解地球，開始更明確地關注地球。然後對其中幾個人來說，這件事變得令人興奮雀躍，在許多不同的方面令人興奮雀躍。作為一個社會，作為一個整體，這對我們來說也變得令人興奮雀躍。協商會上，有兩個人了解正在發生什麼事，他們很清楚「我們與你們的世界，在你們未來的某個時候互動」是可能發生的事，但是對於協商會上的其他人來說，這卻是新的想法。在這次協商會期間，那兩位長老並沒有費心思量我與地球互動的相關想法，因此他們並沒有影響我在協商會期間感知到以及「連接到」的內容。他們能夠保持不涉入我可能連結到的可能性。他們並沒有為我修改我的發現。

所以那是地球第一次進入我的覺知。它是一場奇妙、喜樂、好玩的派對！對我來說是一場非常浩瀚且振奮提升的體驗。在某種意義上，你可以說它是一番了不起的成就。

✷✷✷

傑佛森 好的。所以那是……好吧……哇……太好了！你如何進一步了解地球的呢？你開始四處詢問嗎？詢問其他星球上的人們嗎？你開始來到這裡觀察我們嗎？還是從電視機觀察我們？

艾叔華 我開始放出這樣的想法：「讓我們以對我來說最振奮、最充實、最有教育意義、最重要，當然也最符合我的心的方式，與地球連結。」那些想法和機會隨後便出現，並以無數種不同的方式向我展現。由於我領悟到了連結並契入我的心的價值，以及心的溫柔輕推的指引，我注意到且體認到這些機會、這些輕推。我以那樣的方式跟隨我的心，採取那些步驟，然後那些機會對我來說就變得顯而易見。

有時候，我與真正造訪過地球的其他人交談。其他時候，我在我們的某些紀錄中閱讀關於地球的信息，在某種意義上，那是我們長久以來從我們自己的互動以及與其他外星種族的分享中，收集到的歷史和記載。我曾經實際造訪過這顆星球，也有機會以心靈感應溝通交流。

我還有許多其他方法可以了解這個你稱之為地球的地方。我曾經與這顆星球上許多不同的物種和生命形式，有過許多不同類型的互動。我曾經在不同的時間線上與地球互動過，那時間線是針對你們如何感知那裡的時間、不同的世代、不同的年代、不同的世紀而言，在那種意義上，是地球地質紀錄裡的不同時間。有時候是沒有人類的，不像你們今天在這顆星球上看到的那樣，而我也造訪過其中一些那樣的時期。我曾經遇過某些生命形式，它們與今天生活在這裡的生命形式完全不一樣。擁有這些機會實在是我的莫大喜樂，而且再說一次，它們總是以同步性的結果向我呈現，而同步性的發生完全源自於我跟隨自己的心，以及知道那麼做總是會為我帶來最大的指引機制，為我提供最大的喜樂和服務，並讓我這個雅耶奧人置身在目前這趟充滿喜樂和發現的旅程之中！

傑佛森——好的。今天你能夠透過像肖恩這樣的管道與人類交流。

艾叔華　以這種形式交流，是的，但這並不是我與地球上的人們交流的唯一方式。也有一些心靈感應的互動發生。

傑佛森——真好。

艾叔華　我不是每一次都透過像肖恩這樣的管道、以你現在正在聆聽的這種口語形式來溝通交流。這種交流形式提供了一個機會，讓你們可以匯總你與肖恩合作整理的那本書。還是有許多人喜歡閱讀內含這類信息的著作，當作一種教育，當作一種娛樂，當作一種成長。

傑佛森——地球上還有其他人能夠通靈到艾叔華嗎？還是只有肖恩辦得到？

艾叔華　還有其他人，是的，但是目前不是以這種方式發生。

✷✷✷

傑佛森——太好了。自從你們第一次造訪我們的太陽系和地球以來，你們的文明有什麼樣的改變呢？或是你們對自己多了什麼樣的了解？

艾叔華——我親身經歷了活在這樣的限制裡是什麼樣子。

傑佛森——噢。

艾叔華——我能夠看見人們如何互動，以對他們來說似乎非常有意義、非常重要、非常嚴肅，卻遠離他們實際本質的方式。他們並不是鬧著玩的，那裡有些人是非常認真地渴望保持受限的。他們真的不希望任何人「攪動一池春水」，帶來更浩瀚的覺性。看見某人緊緊抓住非常沉重的「鐵球鐵鏈」，而且不想得到鑰匙，不想從那種疼痛和極度痛苦中被釋放出來，那是非比尋常的事。在你們的世界裡體驗到人們做著那樣的事，擴展了我們的理解，不只是我的理解，還包括我們社會的理解。我們才能夠更充分地欣賞另一個人、另一種生命形式正在選擇創造的一切，即使他們目前的經歷是如此遠離實際本質。

我們更充分地學會接受有意願創造這類黑暗的生命形式。我們可以接受人們深深陷入絕望，那些是他們極力希望保留且願意為此爭戰的幻相，因此沒有人可以帶他們回到伊甸園中天堂般的體驗，讓他們充分覺知到自己完整的真實本質。他們的選擇使我們能夠真正接受那一點，能夠欣賞和喜愛那些選擇保持如此斷離且活在那樣的幻相中、那樣的黑暗劇院裡的生命形式。

✶✶✶

傑佛森——對於像你們這類參加宇宙聯盟的星球來說，成為團隊成員意味著什麼呢？

艾叔華——我們共同努力，以更加了解我們是誰。我們與其他社會互動，在某種意義上，他們就是不同觀點的我們。透過合作，我們能夠與其他社會互動，了解其他社會，藉此更加了解我們的本質。

當我們更進一步與他們建立深邃的關係、更深厚的連繫，更深入地分享使他們活躍、充實、覺醒，使他們的心跳得如此充滿玩心的一切時，接著便透過團隊成員合作和相互支持的概念，幫助我們找到新的方法，以更進一步彼此分享。我們能夠真正更深入、更徹底、更浩瀚地確實傳達這個概念。

然後我們開始站在對方的立場，真正感覺到他們的感受、體驗到他們的經驗，到達我們為此感到興奮雀躍的程度。

然後這是一個概念。因為合作，我們體驗到更多成為這些其他種族、其他存有、其他生命形式是什麼樣子，在某種意義上，是從他們的觀點，了解在他們的生命中、他們的立場、他們的家裡度過一天是什麼樣子，進而領悟到更多我們的完整本質。

✶✶✶

傑佛森——幾天前我問過你，哪些外星社會最接近地球上的人類。你說有兩支有時可能是最接近我們的，而且你說過，可能會有一段時間我們可以透過肖恩與他們進行一場共同交融的通靈。你說過，如果我在將來的某個時候感到被輕推，想要詢問你關於他們的信息，你會查看一下是否到了透過肖恩與他們其中之一或兩者一起進行共同交融通靈的時候。所以，我現在感覺到被輕推，想要請問你，今天是否適合讓這兩個種族中的任何一支，為我們帶來某則訊息呢？

艾叔華　嗯，目前不行。不過，我們現在會重新審視那個概念的某些部分。我們說過，有七支種族在基因上與你們社會和我們社會是最緊密連結的。其中一支是阿努納奇，另一支是澤塔。還有你們可能知道的另外五支，我們現在不會一一點名。我們今天不會談到那五支的其中兩支，他們之後會在某次共同交融中出現。在某種意義上，那會是另一本書的內容，就好像這本書是相關著作的第一本！

傑佛森——是！

艾叔華　就那方面而言，信息的到來不只是透過與艾叔華對話，也透過來自你們未來的子孫現在在這裡與你們對話。

傑佛森——哇嗚！

艾叔華　你們的外星子孫有信息要與他們的父母分享，就某種意義而言，也與他們的祖父母分享，要讓他們知道「到底是怎麼一回事」。

傑佛森——好的！

艾叔華——你們的孩子和子孫已經學到了許多東西，這大部分是由於你們的社會為我們奠定了能夠執行的根基。你們在你們的社會裡建立的基礎，為我們奠定了根基，然後我們進一步延伸到天堂，進入我們無限的宇宙存在的星際領域。你們可以從你們的子孫那裡學到許多，所以時候到了，我們要再次分享這個概念：非常和平地回到你們的社會，分享和啟發「你們到底是怎麼一回事」。

傑佛森——原來如此。真是令人興奮啊！

艾叔華——是啊！所以那個共同交融以及我們尚未談到的五支種族其中兩支的名稱，將能夠從他們的視角開始進一步分享。那可能會是第二本書的內容！

傑佛森——太好了！

艾叔華——但是也可能會一直到其他書才出現。那樣的情況可能會發生，但是再說一次，當你感覺到被引導或輕推時，請儘管發言或詢問這個概念，因為它讓我們知道你在頻率中的哪個位置，是否可以開啟這扇潛在的出入口，讓那樣的信息可以更輕易、更立即、更清晰地穿透過來。

✷✷✷

傑佛森——太好了！有沒有任何來自你們社會的存有，知道我們正在製造這種交流和這本著作呢？還是這本著作只是為你而存在，做為你的個人經歷、你與我之間的個人互動？

艾叔華　是的，在你們的時間線裡，很有可能看見這本書的概念顯化。我們可以看見那一點。我們覺察到了那一點，但是它卻不是發生在我們的地方。

傑佛森　我的問題是想要得知，你們的社會裡是否有人知道我們正在進行這樣的對談，為的是將內容寫成一本書？

艾叔華　有的。這樣的對話是我們社會的每個人都可以取用的，他們可以調頻進入想要聆聽的任何面向，無論是一個單字或是整段通靈會談。有些人那麼做，是因為那是他們樂在其中的事，而且他們因為那麼做，而以不同的才能為我們的社會發揮功能，例如，讓那些信息在之後可以取用，在某種意義上，等於是為現在不在場的其他人做紀錄，讓別人可以在適合他們日常互動的時間回來深入了解，而且以對他們來說會是最興奮的方式和時機，與此連結。有許多人在場，其中有些人是每一場這樣的會談都在場。有些人來來去去，有些人第一次參加。有些人經常在你目前參與過的所有會談裡來來去去，有些人全程參與一或兩場會談。有些人出席這一場，有些人沒有出席。

傑佛森　有多少人曾經出席我們參與過的所有這些會談呢？

艾叔華　大約有三十一萬兩千人。

傑佛森　真的？

艾叔華　在某個時間點已經檢查過這個概念了。

傑佛森——好吧！我很難用線性關係跟你說話，因為當你說三十一萬兩千人時，我不得不參照這個概念：在某個時候，的確來了那麼多人，因為實際上並沒有時間線，彈性很大，所以看起來像是他們一直同時在那裡，在每一場會談中。

艾叔華——你可以用稍微不一樣的方式，詳細說明你要跟我們分享的內容嗎？

傑佛森——好的。我只是在自言自語，但是謝謝你的好奇心，讓我可以用問題的形式來提出。舉個例子，我之前是在問你，從一開始有多少存有參與了你和我們正在進行的這些互動？

艾叔華——是。

傑佛森——然後你說了一個大數字。

艾叔華——超過三十一萬兩千。

傑佛森——是。所以基本上，當你透過肖恩建立連結並與我交談時，是不是在你跟我們談話的時候，所有那些人都在你身邊呢？他們是不是聆聽著我們的談話或是正在從中學習？

艾叔華——在某種意義上，會有一個群體心智的融合容許那樣的事發生。所以其實感覺起來比較像是一個心智，在某種意義上，我是代表那些人發言的那一位。

傑佛森——噢！原來如此！原來如此！哇嗚！他們全都來自你們的文明嗎？

艾叔華——是的。我們只提到來自我們文明的那些人，但是有來自其他文明的人們，也是以類似的方式在場。

傑佛森　其他文明的人們為什麼在場呢？對他們來說，這其中有什麼呢？

艾叔華　這個「為什麼」是因為，對他們來說，那是喜樂的，而且對他們來說，在場出席是最為喜樂的。

傑佛森　在他們加入的過程中，是從他們的星球透過心靈感應那麼做嗎？還是他們來到你們的星球，因為這麼做比較容易或是諸如此類的？

艾叔華　我們確實有一個群體網絡，可以說，他們全都可以契入某個特定的頻率，就像是在房間裡，但它是一個意識的頻率，他們可以聚焦在這個頻率，然後契入進行中的對話，透過那個像是中央總部的集中式網絡頻道，以這樣的方式讓這類溝通交流與你一同發生。有些人親臨現場，有些人會親自在場陪伴我經歷不同的會談。有時候我在不同的地方，而他們會在某些那樣的地方與我會合。

＊＊＊

傑佛森　太好了。所以你之前提過某種類似電視的技術，你們可以在那裡看見人類或改換頻道，看見另一顆星球。關於那門技術，你能否提供更多的細節呢？

艾叔華　它允許我們擁有許多人可以同時以類似方式共享的視覺心像，在某種意義上，我們看見一個圖像、一個銀幕，而且我們全都看見同一個銀幕。我們每個人都會以不同的方式體驗和解釋那個圖像，然後我們可以與其他種族同時探索那個銀幕上正在發生的事、正在呈現的東西、那些圖像都在說些什麼。

有好幾個種族可以同時看見同樣的東西，似乎看見同樣的東西，而且以那種方式擁有共享的體驗，只要我們想要，人人都辦得到，而且任何數量的我們都可以在不同的時間，選擇討論它是什麼，或是單純地分享我們對銀幕上呈現的內容，感受到什麼或享受到什麼。那與在你們世界裡所做的事沒有太大的差異。技術的確不同，圖像如何傳送以及銀幕的類型和材料也不一樣。

在我們的社會裡，就那方面而言，我們確實有能力運用心靈感應，將類似的圖像傳送到彼此的心靈之眼，然後擁有類似於你們在你們世界裡觀看電視螢幕或劇院銀幕時所擁有的體驗。我們可以透過圖像，以那種方式分享極其清晰的圖像、光線、色彩、話語，透過心靈之眼移動圖像，運用心靈感應使我們一群人可以相互連結。但是，當有許多人來自不同的社會、不同的種族時，擁有一張圖像、一面銀幕，是有幫助的，我們全都可以單純地從中觀看，因為有許多種族，大家的心理、心智、內心模式頻率都大相徑庭。因此可以說，要讓大家以同樣的方式，在自己的心靈之眼中，見到與我們世界的種族看到的一模一樣的圖像，並不總是那麼容易。當我們從心靈之眼的觀看視角運作，其他種族見到的圖像，會與我們看到的不太一樣。在某種意義上，擁有電視螢幕，能促使不同的外星人更容易參與，擁有類似的體驗，看見類似的圖像。

傑佛森——那麼誰來控制某個特定頻道中該要播放什麼圖像呢？

艾叔華 關於該談些什麼、標題或中心主題，我們每個人都有想法，然後就跟你們的世界一樣，有些人擅長帶出圖像。在某種意義上，這些人有儀器，可以捕獲圖像，然後讓圖像集中聚焦到可以被帶到銀幕上、呈現在銀幕上。它有點像是電影攝影機如何在你們的世界裡運作。

傑佛森 原來如此。誰決定在特定的某一天要播放什麼主題呢？是元老院嗎？

艾叔華 那東西是自然而然出現的。沒有節目導播，不像你們的電視網絡那樣。那是我們每個人都可以調頻收看的東西，凡是基於某個原因而突然有興趣的人們，都可以觀賞。然後我們開始調頻進入我們感覺到自己想要觀賞的內容、我們想要與他人一起觀賞的主題是什麼。隨著我們的想法變得比較集中聚焦之後，主題會是什麼，以及一整個群體觀賞起來最愉悅的東西是什麼，將會變得比較顯而易見。因此，最大數量的人們突然間想要觀賞某個特定的主題，那個主題就變成了銀幕上傳送的主題。可以說，就好像它是人們的選擇。

傑佛森 當你們播放正在顯示地球的某個頻道時，你們看見人類四處走動，或駕著車，或搭飛機嗎？

艾叔華 我們通常沒有像那樣的頻道。那是某些個人能夠以相當集中聚焦的方式完成的東西。那個概念是要學習，而不是以任何方法干預你們世界裡的顯意識模式和活動。因此可以說，我們並沒有二十四小時始終顯示「地球頻道」的有線頻道。

✶✶✶

傑佛森——好的！我了解。我想要請你告訴我們，你所造訪過最美麗、最有助益、最有趣的地方是哪裡，你不可以說，它們全都很美、全都是獨一無二的。我的意思是，分享一下你認為是美麗、有益、有趣、最美好的地方！

艾叔華——你是說，我可以還是不可以說它們全都很美？

傑佛森——不可以，我的意思是，你必須挑選一個，來吧！好好描述一個你認為討論起來很有意思的地方。

艾叔華——可是，如果我不得不那麼做，而且我「放出那個」，那我就開始「得回」更多我不得不那麼做的經驗！

傑佛森——（頑皮地大笑。）來吧！所以……好吧——

艾叔華——如果我那麼做，那麼我就開始得回更多「某些事物可能比其他事物更美」的經驗，而我知道那並不是大自然確實存在的方式。

傑佛森——是啊，好的。那我更改一下這個問題。如果以我們地球人當前的意識狀態要出門造訪，你認為我們會發現什麼地方是美麗的？

艾叔華——很好。

傑佛森——謝謝你。

艾叔華——你們會喜歡天狼星（Sirius）附近，赫利俄斯（Helios）星群裡的一顆行星。它有一座非常大的雨林，那裡的每一個存有都會前來用柔和的小小觸碰、一些輕柔的電振動迎接你們，這麼一來，你們在那個地方就有一種受歡迎的感覺。那裡非常多姿多彩！樹木的顏色很橘，帶些紫色、黃色、綠色和藍色。在這片雨林中，綠色並不是樹木葉子的主要顏色。當雨滴滴答答落在雨林中的土地上時，雨滴唱的歌是多種語言的。所以我們感覺到，以你們對事物的感知，那會是非常美麗的地方。如果你願意，可以邀請更多那樣的概念出現在夢中。

傑佛森

再說一次在哪裡，天狼星嗎？

艾叔華

赫利俄斯，天狼星附近。相對於你們的地球來說，它是一顆非常小的行星。它距離它的太陽很遠，卻有能力支持你們所知道的生活。大多數情況下，你們可以在某次短暫造訪期間舒舒服服地待在這裡。

從你們世界上其他人的觀點看，那是所謂的最美，但是再說一次，每樣東西都是獨一無二的。由於你們實在很愛比較，你們每個人可以在任何特定的時刻找到下一個更美麗的世界，所以有許多美的層次和地方，就那一點而言，有許多行星可以讓你們每個人開始漫步其上。當然，在你們地球時期的這個時間裡，它通常只會發生在你們的想像或白日夢中，正如我們之前說過的，那一點一滴就跟你們當前實際上所在的世界一樣有價值。

你們當中有些人實際上已經造訪過這些地方，或許不記得了。你們有些人確實記得。在你們的地球上，你們會特別喜歡某些地方，像是冒險探訪你們的南美洲和安地斯

（Andie）山脈中的某些地點。雖然你或許超喜愛馬丘比丘（Machu Picchu），但是在馬丘比丘之外的較低海拔地區，有些聚落是比較容易進入但你們社會的人們很少造訪的。你們也會發現它們是非常美麗的，如果你們想在某個時候進入那個地區旅遊，就可能被引導到那裡。

傑佛森 你說在天狼星附近的那顆赫利俄斯行星，存在於什麼樣的密度？

艾叔華 大約是第四意識，正在移動到第五意識。

傑佛森 那裡的存有是類人生物還是比較像光體？

艾叔華 就那一點而言，實際上沒有類人生物居住在這個地方。在它目前的物質生命形式表達週期裡，並沒有原住民或當地的生命形式存在，但是如果你們在那裡，就會有許多其他的生命形式可以與你們交流。你們會有能力以某種類型的對話方式來溝通交流。那會很像是你們正在這裡與某人溝通。這跟你們在家裡與貓咪溝通交流的方式不一樣，一般而言，你們並沒有真正與貓咪說話並進行著雙向對話。赫利俄斯上存有的生命形式，讓你們可以與它們一起體驗類似雙向對話的溝通，但你們不會是用口頭語言完成那件事。

傑佛森 好的。

艾叔華 我說過，那裡有一些生命形式，事實上是所有這些生命形式，如果它們要觸碰你，那會是非常輕柔的電振動。

傑佛森　它們的大小跟人類一樣嗎？

艾叔華　有些一樣大，但是大部分會小許多，高度或許是一或二英尺（約三十或六十公分）。但是，再說一次，那裡有樹木，有些可能是幾百英尺高。有些樹木的高度只有五到六英尺（約一百五十到一百八十公分），而且是完全長成的樹木。這顆星球上有各式各樣非原生的植物生命。

＊＊＊

傑佛森　好的。所以艾叔華，你有什麼臨別贈言呢？在我們結束這個美麗的篇章時，你有什麼想要跟我們分享的呢？

艾叔華　如同之前說過的，我們非常感激這次互動。我們承認你們以這種方式與我們社會交流所分享的時間、努力，以及你們的存在的充實豐富。我們為此感謝你們！我們知道還有更多你們需要與他人分享的東西。在你們體驗、表達，以及在地球上邁出步伐和走出途徑的日子裡，在採取那些步驟，還有採用那些目前你們知道以及許多對你們來說是陌生的方式，進而分享的過程中，你們將會變得更加充實滿意。所以，你們要容許那個成長不費力地到來，以它自己的方式，以它自己的時間。你們不會錯過任何這些經驗，你們愈是允許自己明白這一點，就會只因為跟隨你們的心而愈是處在那些經驗之中。只要保持調頻進入你們的心，就不會錯過來自內心的任何東西。

—傑佛森—太好了。哇嗚！非常感謝你！

艾叔華 我們感謝你們！也歡迎你們！我們期待再次以這種方式與你們互動，而且我們祝你們日日美好，歡喜常在，將美好和歡喜獻給你們，也屬於你們，因為你們而美好、歡喜！

—傑佛森—非常感謝你！再見，艾叔華。

艾叔華 Yah oohm!

—傑佛森—是！的確！

艾叔華 Tudobem!（譯註：葡萄牙語，祝你們一切都好！）

—傑佛森—他在哪裡學會說葡萄牙語的？

Chapter 12

接觸你內在的外來者

當愈來愈多人能夠更和平地
與自己相處，
內心不再存有這些外星人觀念，
那麼當我們在場時，
他們一定會覺得比較舒坦地
面對眼前的我們。

——艾叔華

艾叔華——始終在這些交融的時刻與你們在一起，這是以我們選擇在當下此刻一起創造的這些方式，來展現我們所是的一切美妙的體驗和表達！你好嗎？

傑佛森——可愛的艾叔華！很開心再次與你交談！

艾叔華——對我們來說也是如此！

傑佛森——今天你想要如何前進呢？

艾叔華——這是你，傑佛森，與通靈管道肖恩之間的通靈傳訊。現在是你們時間的二〇〇九年十一月五日。

傑佛森——是啊！

艾叔華——時鐘時間大約是夏威夷時區下午一點三十四分。秒針滴答滴答地走過，一點一點地，一秒一秒地，如同你們正在創造的秒與時間的概念。我們有這個機會在你們時間的今天，以這種方式與你們互動，實在是帶著莫大的喜樂啊！

傑佛森——當然！對我來說也是如此！

艾叔華——在這裡最奇妙的就是這種方式！

傑佛森——的確是！所以，艾叔華，你今天想要如何向前邁進呢？

艾叔華｜以你想要的任何方式開始。建議，或是分享，或是提問。如你所願。

傑佛森｜關於「接觸」，你們打算像一九九七年和二〇〇七年在亞利桑那州鳳凰城那樣再一次出現嗎？

艾叔華｜我們一定會，是的。

傑佛森｜你可以給我確切的日期、時間、小時，以及準備提供的餐點嗎？

艾叔華｜我們還沒有決定好提供什麼餐點。鮮蔬沙拉和水果沙拉，難以決定。

傑佛森｜行。

艾叔華｜你比較喜歡哪一道呢？

傑佛森｜只要帶著愛必會進展順利。

艾叔華｜那麼不管上哪一道菜，我們都會帶著愛。愛一定會存在。

傑佛森｜好的，太棒了！

艾叔華｜就實際日期而言，通常我們不會那樣運作。我們可能會設定一個時間，規畫一下何時發生這類揭示我們存在的事件，然後情況可能會自行呈現，於是我們在其中調整那個時間，將時間移到早於最初的時間或晚於最初預定的時間。

傑佛森｜好的。

艾叔華｜有許多原因可能會出現。

傑佛森｜當然。

艾叔華　在你們的世界裡，你們可能設定了某個時間去某地見某人，但是基於不同的原因，事情的發展並不是那樣。它可能會稍微早一點出現，或是稍微晚一點出現，或是根本沒發生。

對我們來說，不指定特定的會面時間是比較容易的，因為在你們的世界裡，如果我們不露面，許多人會對我們存在的整體概念失去信心，但即使是與朋友約定了會面時間，而那位朋友並沒有在約定的日期和時間露面，他們也不會對那個人的存在失去信心。

傑佛森　（大笑。）

艾叔華　我們了解他們不會因為那樣而對那個人失去信心，因為他們有過其他的經驗，當時的會面被錯過了，沒有發生，他們只是重新安排時間。你們的世界還沒有過因為那樣而與我們重新安排時間的經驗，甚至是沒有過與我們實際見面的經驗。

傑佛森　是啊。

艾叔華　如果你們的世界在這個時候繼續沿著它選擇要走的集體道路前進，那件事遲早會發生。

傑佛森　當然。你能講個大概的年份嗎？

艾叔華　在接下來的兩個月內，會有另一樁目擊事件。地點大概會在南歐一個相當小的社區。

傑佛森　噢，挺好的，好吧！所以，當第一次真正的公開接觸發生在十年內，或二十年內，或是無論發生在什麼時候，你們如何感覺到它要發生了？你們會在我們的電視上購買播放時間嗎？

艾叔華

有些人會認為那只是來自某個電視網絡的節目或表演，而其他人可能會因此感到驚恐，然後就那一點而言，你們可能會體驗到一段經歷，就像過去幾年前發生在某個廣播節目上的內容。

傑佛森

噢，原來如此。所以，如果不是那樣，那麼你們如何看見它即將發生呢？

艾叔華

一個概念是，將會有一份「知道它即將發生」的理解。人們將會開始理解到它即將發生。然後，尤其是在它確實發生的地區，將會安排人們出現在那個互動現場，而且讓它以非常精確的方式發生，以一種將會公開讓你們的好幾位群眾觀察到的形式發生。

將會有來自你們社會各種不同背景的個人在場。在那次公開接觸會面發生之後，將會有一個過程讓在場的人能夠討論他們在那次會面中體驗到的一切，情況如何出現，發生了什麼事。他們將能夠以這樣的方式討論，好讓這些信息可以在之後被分享給更多無法親臨現場的人們。事情發生的方式，會讓那些間接聽說這次接觸的人們更願意接受。隨著相關信息開始出現，接觸事件似乎將會得到更多的證實和更多的確認。我們不會出現在某個地點，讓地球上的每個人都直接看見我們。

傑佛森

當你們與我們交談時，或是當來自你們社會的某人與我們交談時，你們會說那種特別的語言嗎？那種你們擁有且讓你們能夠與來自每個國家的每個人交談，好讓我們大家都可以理解你們的語言嗎？

艾叔華　它將是一次結合，將會以某種方式撫慰你們世界在場的人們。

傑佛森　噢，好的。

艾叔華　他們一定會感到舒坦，而且明白我們在說些什麼。當我們說著我們的語言時，他們會體認到我們打算做什麼，而且他們會對那樣的做法感到舒坦。

傑佛森　噢，好的，很好。所以在提出最後一個問題之前，考慮到我們可能會遇見不把我們的最佳利益放在心上的外星人，你有沒有一句金玉良言可以提供給夜間出門、渴望與外頭的外星種族連結並溝通交流的人們？

艾叔華　在那方面，要跟隨自己的心。在每時每刻裡做著自己所能做到最愉快的事。如果你在深夜，帶著與外星人接觸的意圖外出，那麼我們建議那些是要採取的步驟，但是接下來則要敞開來接受真正發生的任何事。

傑佛森　很好。

艾叔華　不需要懼怕。如果他們感到懼怕，或許要探索的就是懼怕。探索那份恐懼。要找出他們懼怕的是什麼。就那一點而言，打破那顆恐懼的氣泡。要打破那顆氣泡，走過那份恐懼，超越那層障礙。了解造成他們懼怕的是什麼。要了解你自己。那份恐懼正在掩飾他們內在的某個概念，那是一個關於「存在」而且不是精確地反映出他們的真實本質的信念或定義，因此在某種意義上，它就像是某個他們懼怕的外來概念。

當他們穿越恐懼，找出如何與「存在」的本質校正對準而定義自己的自我時，他們就是在與內在的那個外來概念「接觸」。當他們可以帶著這層明確的理解經歷「接觸」，讓那個「外來者」被體認成只是他們存在的另一個面向，純粹是他們最初沒有理解到的，那麼他們就會因此感到賓至如歸。他們將會與它和平相處，而且因此更能夠與自己和平相處。

當愈來愈多人更和平地與自己相處，內心裡不再存有這些外來觀念，那麼當我們在場時，他們一定會覺得比較舒坦地面對眼前的我們。就那一點而言，他們不會因為我們的在場而感覺到那份恐懼。然後他們不會逃跑和躲藏，或是崇拜，或是以種種無法無天和破壞毀滅的舉止來行事。他們將會以比較文明的立場，輕易地、舒服地、愉快地與我們互動！

✷✷✷

傑佛森 好！很好！所以我們要在這裡好好聆聽你們獻給我們地球人的這本特別著作的最後訊息。

艾叔華 現在嗎？

傑佛森 是的，就是現在。

艾叔華——這本書的最後訊息嗎？

傑佛森——關於這本書，你們有什麼最後的訊息和最後的想法，想要傳達給現在正在閱讀這些頁面的我們？

艾叔華——我們會在第二部裡見到你喔！

傑佛森——（大笑。）就這樣嗎？不是吧，艾叔華，別鬧了！在第二部裡見到你嗎？

艾叔華——你想要我說什麼呢？

傑佛森——我沒有什麼期望。就說你覺得最興奮的事。

艾叔華——你希望在這本書的結尾看到什麼呢？

傑佛森——我希望看到你教導我們如何跟隨自己的最高興奮，然後在最後多說一些關於「創造四法則」的信息。

艾叔華——是啊！那些是另一本書的概念！

傑佛森——對。我非常感謝你，艾叔華，感謝你帶進這本書的一切概念，感謝你是如此的自動自發，教導我們如何愈來愈步入自己所擁有的、活在原初單純裡的崇高偉大之中，而且你透過通靈傳訊在每次與我個人互動時，展現並傳達出這一點！

艾叔華——這次能夠體驗到來自你那樣的分享，是令人高興的！與你們一起擁有這些經驗，以及與那些來自你們世界且和我們一起分享並做出貢獻的人們互動，這一直是莫大的喜樂。你們的世界以及我們的世界，均大力支持且將會繼續大力支持你們的著作格式裡的這類信息，也將大力支持你們世界上其他人正在他們自己的創造空間中，匯總的那些概念、著作和分享裡的信息。所以，我們再次感謝你們，感謝你們花費的所有時間和努力，包括你們以種種體驗到的方法應用能量和集中聚焦，感謝通靈管道，以及在肖恩的世界裡與他互動的人們，因為一直有人在那裡以他們獨一無二的方式分享。

傑佛森｜這實在是莫大的喜樂啊！我們讚賞你們和他們的一切努力，包括這個結構，包括如此建立一份新的理解，包括這本書。其他人可以因為閱讀書中的信息而成長，以種種他們覺得做來愉快的方式。對自己的完整本質取得全新而有力的理解！太棒了！讓我們把這當作我的意圖：每當一個人讀完這本書，一道感恩的彩虹就會出現在你們的星球上！

艾叔華｜是啊！好可愛，就是這樣！

傑佛森｜謝謝你，艾叔華！Yah oohm!

艾叔華｜Yah oohm! 也祝你們一切都好（Tudo bem）。開朗喜樂啊！我期待以這種方式再次與你們互動！在彙整這類有質感的訊息的過程中，在某種程度上要不急不徐。謝謝你們。親愛的，滿滿的愛給你們！祝你們有美好的一天！

傑佛森｜Yah oohm!

關於艾叔華

艾叔華是來自雅耶奧文明的人類。他是星際探險家兼幾個銀河文明的翻譯員。他的旅行為他提供了多種愉快的經驗，使他能夠與生活在整個銀河系行星上的數千個外星社會互動。

艾叔華深思熟慮、風趣可愛、充滿玩心。他說話清晰、幽默、聰慧。他透過通靈管道肖恩·斯旺森分享知識，可以幫助我們與自己、彼此、我們的星球，建立充實豐富又充滿愛意的關係，也幫助我們在每一天的每時每刻，重新連結到最令我們振奮雀躍、充實滿意、意義深遠的實相。

關於艾叔華的更多信息，請見：www.ishuwa.com

關於雅耶奧文明

雅耶奧文明可能會成為第一個在地球上與我們當面、和平、歡喜地公開相會，且與我們當前和未來世代建立起互惠互利關係的外星文明。他們是我們銀河家族的一部分，身體外觀與我們非常相似。他們走路、呼吸、吃東西、睡覺、一起做夢。他們重視生命，珍惜彼此，而且隨時盡其所能地相互滋養。

雅耶奧文明與他們的美麗星球及星球上的所有生命形式和睦共處。他們相互和諧地生活在一起。雅耶奧人正在幫助我們回憶起如何與地球和諧共處，在我們存在的一切層面如何相互和諧地生活在一起。在某種意義上，他們從外太空帶來永恆的知識，那將會幫助我們了解如何充分地享受我們的生活空間和我們的心的內在空間。他們幫助我們領悟到「我們本是恢弘壯麗且充滿愛意的存有」。

隨著他們與我們的重新連結持續開展，他們將會分享更多他們的歷史、我們的歷史，以及更多我們從哪裡來和如何到達這裡的信息。

一九九七年三月十三日，歷史上最大的幽浮（UFO）目擊事件之一，發生在雅耶奧人乘著他們的航空器，飛越包括亞利桑那州鳳凰城在內的好幾座城市，因此與幾千人進行了視覺接觸。這個事件被稱作「鳳凰城之光」（Phoenix Lights）。雅耶奧人繼續以各種方式在全世界其他城市的上空與我們進行新的目擊接觸。或許你已經看見他們了，或者很快就會在你附近的某座城市上空看見他們喔！

關於雅耶奧文明的更多信息，請見：www.ishuwa.com 和 www.yahyel.com

關於作者

肖恩・斯旺森（Shaun Swanson）

肖恩於一九九五年開始通靈傳訊。他是我們銀河靈魂家族成員的傳訊管道，傳訊的成員包括：雅耶奧文明的艾叔華，阿爾科倫（Arkoreuns）文明的阿凡提斯（Arvantis）、莎莎尼（Sassani）文明的昂科（Onkor）。肖恩畢業於加州大學聖塔芭芭拉分校，擁有文學學士學位。

肖恩專營團體通靈會和私人通靈療程，對象是想要與艾叔華交談，以及想要獲得關於個人生命、地球上的生命、外星生命，或是與他們的銀河家族和混血後代連結等問題之答案的人們。肖恩也提供諮商和輔導形式的私人通靈療程，幫助對靈性成長、自我賦能、個人療癒和深化自我了悟有興趣的人們。

通靈的經驗對肖恩來說是充實豐富的。這樣的經驗使他與各種人形外星人，以及起源於我們的銀河系和其他地區的混血後代持續互動連結。他體驗到我們的外星靈魂家族是充滿玩心、高度聰明、慈悲、好奇、談笑風生的。他們在團體通靈會和私人通靈療程中分享的信息，只是眾多的可用資源之一，那些資源可以喚醒我們領悟到更多與我們的銀河靈魂家族共存的由衷連結！

關於肖恩的更多信息，請見：www.ishuwa.com

關於作者

傑佛森・維斯卡迪（Jefferson Viscardi）

傑佛森・維斯卡迪擁有玄學大學（University of Metaphysical Sciences）遠程學習的「玄學生命教練學者」（Philosopher of Metaphysical Life Coaching）哲學博士學位。他是通過國際靈氣專家協會（InternationalAssociationofReiki Professionals）認證的III級靈氣療癒師，專精臼井系統（Usui System）自然療法。他教授與外星人、我們的銀河系家族，以及基督意識相關的主題。

傑佛森是《貓科人類》與《光圈與哲學家》（*The Circle of Light and The Philosopher*）的共同作者。

關於傑佛森的更多信息，請見：facebook.com/dialogocomosespiritos

Yah oohm!

Be in Joy!

保持喜樂！

Matrix 19

鳳凰城之光 UFO 的化身

雅耶奧星的艾叔華傳訊紀錄

Avatars of the Phoenix Lights UFO: Ishuwa and the Yahyel

作　　者｜肖恩・斯旺森（Shaun Swanson）、傑佛森・維斯卡迪（Jefferson Viscardi）
譯　　者｜星光餘輝
責任編輯｜于芝峰
協力編輯｜洪禎璐
內頁構成｜劉好音
封面設計｜陳文德

發 行 人｜蘇拾平
總 編 輯｜于芝峰
副總編輯｜田哲榮
業務發行｜王綬晨、邱紹溢
行銷企劃｜陳詩婷
出　　版｜橡實文化 ACORN Publishing
臺北市 105 松山區復興北路 333 號 11 樓之 4
電話：（02）2718-2001 傳真：（02）2719-1308
網址：www.acornbooks.com.tw
E-mail 信箱：acorn@andbooks.com.tw

發　　行｜大雁出版基地
臺北市 105 松山區復興北路 333 號 11 樓之 4
電話：（02）2718-2001 傳真：（02）2718-1258
讀者服務信箱：andbooks@andbooks.com.tw
劃撥帳號：19983379 戶名：大雁文化事業股份有限公司

印　　刷｜中原造像股份有限公司
初版一刷｜ 2021 年 1 月
定　　價｜ 450 元
I S B N ｜ 978-986-5401-46-7

國家圖書館出版品預行編目（CIP）資料

鳳凰城之光 UFO 的化身／肖恩・斯旺森（Shaun Swanson），傑佛森・維斯卡迪（Jefferson Viscardi）作；星光餘暉譯．－初版．－臺北市：橡實文化出版：大雁出版基地發行，2021.01
352 面；17*22 公分．－（Matrix；19）
譯自：Avatars of the Phoenix Lights UFO：Ishuwa and the Yahyel.
ISBN 978-986-5401-46-7（平裝））

1. 外星人 2. 不明飛行體

326.96　　109020203

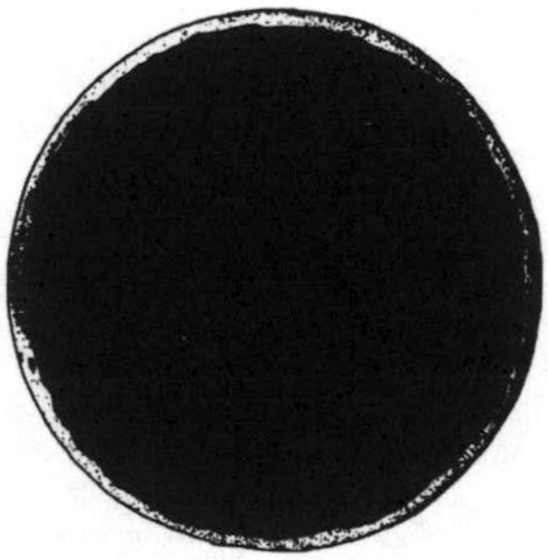

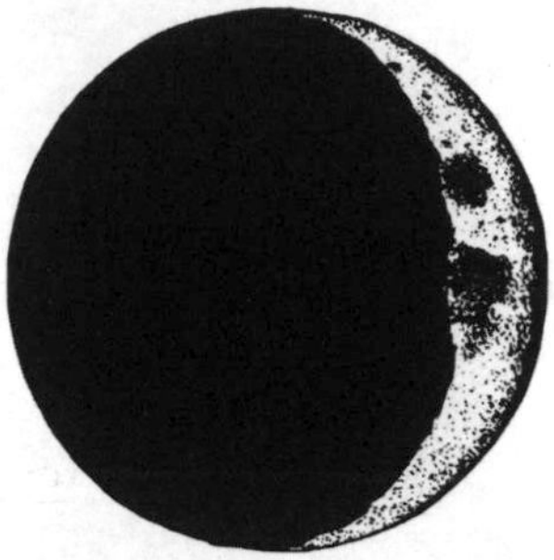